高等院校工业设计专业精品教材

产品设计原理

突破固有思维

刘旭　蒲大圣　孙自强◎编著

清华大学出版社
北京

内 容 简 介

本书主要针对无任何设计基础的学生，用由浅入深、通俗易懂的内容及合理的教学安排，引导学生掌握基础的产品设计步骤、方法及原理，帮助学生正确认知产品设计的思维方式，分步解析产品设计过程中最基础的设计原理与方法，引导学生突破固有思维的局限，做出真正有创意的产品设计，并提出设计过程中应注意的问题，避免学生走入设计误区。

本书副标题之所以取名为“突破固有思维”，是因为产品设计的初学者很容易被固有思维所局限，在设计突破上会有一定的困难。本书尝试对产品设计基本原理的内容进行深入分析讲解，以便帮助读者理解并掌握突破固有思维局限的方法，掌握并学会运用产品设计的基本原理，做出完善的、有创意的产品设计。

本书既可作为高等院校工业设计专业学生的教材，也可作为产品设计爱好者的参考用书。

图书在版编目（CIP）数据

产品设计原理：突破固有思维 / 刘旭，蒲大圣，孙自强编著．—北京：清华大学出版社，2015（2022.1重印）
高等院校工业设计专业精品教材
ISBN 978-7-302-40125-4

I. ①产… II. ①刘… ②蒲… ③孙… III. ①产品设计－高等学校－教材 IV. ①TB472

中国版本图书馆 CIP 数据核字（2015）第 089978 号

责任编辑：杜长清
封面设计：刘 超
版式设计：郑 坤
责任校对：昌传平
责任印制：刘海龙

出版发行：清华大学出版社
网 址：http://www.tup.com.cn，http://www.wqbook.com
地 址：北京清华大学学研大厦 A 座 邮 编：100084
社 总 机：010-62770175 邮 购：010-62786544
投稿与读者服务：010-62776969，c-service@tup.tsinghua.edu.cn
质 量 反 馈：010-62772015，zhiliang@tup.tsinghua.edu.cn
课 件 下 载：http://www.tup.com.cn，010-62788951-223

印 装 者：涿州汇美亿浓印刷有限公司
经 销：全国新华书店
开 本：185mm×230mm 印 张：8 字 数：163 千字
版 次：2015 年 10月第 1 版 印 次：2022 年 1 月第 3 次印刷
定 价：49.00 元

产品编号：062350-02

大学时代学习的专业知识，对一个人来说应该会有举足轻重的作用。但有很多学生在经过几年专业的学习后，会放弃本专业而进入与所学专业无关的行业，把专业知识当作特长来用。这是一个普遍存在的现象。

从事产品设计专业教学工作多年，编者发现，很多学生不是一开始就不喜欢或不想从事本专业的工作，而是经过大学几年的学习，逐渐失去了学习本专业的信心与热情，是因为没学会所以才放弃，也是因为放弃才不得不从事其他行业。

俗话说坚持就是胜利，但对于大多数人来说，很难做到长期的坚持。对学生学习专业知识也是一样的道理。想要通过长期的坚持学习学好专业知识，就必须要对自己所学专业有足够的认知，掌握正确的学习方法，再加上自己的努力，才能取得胜利。不要好高骛远，要把阶段性的目标与长期目标结合，在一个个阶段性的胜利中逐渐增强自己的信心，提高学习的热情，逐渐接近长期目标。只有这样才能把专业知识学好、学踏实，才能取得真正的胜利。

书中涉及的设计流程是结合教学与设计实践总结出来的，比较适合无设计基础的人进行产品设计学习与实践的参考。但要提醒读者，书中的内容不能死记硬背，要知道设计中不存在绝对的事情。仅以此书的内容作为初学产品设计的参考，再结合自己的理解，应用到产品设计中。要学会正确地利用书中内容，不要盲从。

本书是借鉴了国内外的一些设计理念，编者根据自己的理解，再结合多年来在教学中所思所想总结而成，仅代表编者现阶段对设计理念的理解。由于水平有限，书中不当之处在所难免，恳请指正。

编者

目录

第 1 章　产品设计的认知

产品设计并不只是对产品外观造型的设计。很多刚刚接触产品设计的学生，在做设计时，都是对现有产品的外观进行各种的改变，达到自己心中所想的美观。这不是完善的产品设计。

产品设计也不只是绘画。绘画本身其实是一种产品设计的行为，也可以把画成的画归于产品的一个类别，但进行产品设计不一定就非得会绘画，只要能把自己的设计意图表达清楚即可。很多工科的学生，在上大学之前并没有绘画基础，大学一年级会学习绘画，目的并不是培养学生成为绘画方面的大师，而是为了通过绘画，了解产品的表达方式，掌握用平面图表达立体效果的方法，为绘制产品设计图打下基础。产品设计草图主要是为了表达清楚自己的设计意图，把产品的结构与造型表达清楚即可。当然，能把设计草图表达得很美观就更好了。

很多工厂中的工人经常会有一些发明，可以达到提高产品的质量和生产效率，以及节省成本等目的。这也属于产品设计的一部分内容。

上述内容虽然都属于产品设计的内容，但对于学生来说，利用四年甚至更久的时间学习产品设计，并不是为了学会某一个产品的设计，而是为了掌握产品设计的基本原理与技能，以便能进行各种产品的设计研究工作。**本书中的内容就是为了帮助学生掌握产品设计的原理，掌握研究型的产品设计的设计分析方法与设计实施流程。**

1.1 产品设计

要想学会设计产品，一定要了解什么是产品设计，了解产品设计能做什么，最后才是学习研究怎么做产品设计。要循序渐进，不要急于求成。

1.1.1　设计产品原来如此简单

饿了就要吃，渴了就要喝，大家都知道而且天天都在做，只是很少有人会意识到，这其实就是一种设计行为。饿了就是根据人的需求所发现的问题，是需要解决的问题，而解决该问题的办法就是吃东西，具体要吃什么，是吃米饭还是面条，这就是你自己的设计，如图 1-1 所示。有人做饭好吃，有人做饭难吃。好吃的，就是好的解决问题的办法；难吃的，就需要改进，直到好吃为止。

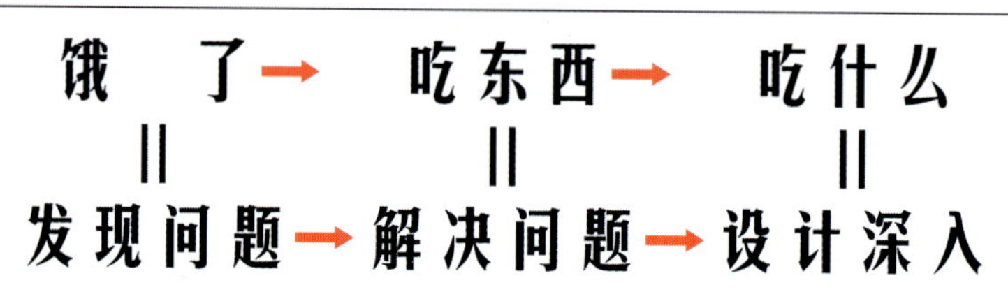

图 1-1　简单的设计流程

常见的陶瓷茶壶，在斟茶的时候，会有壶盖容易掉下来的问题，为了避免这种问题，需要用手压着斟茶，但是又出现了烫手的问题，所以陶瓷壶盖的问题就是容易脱落和会烫手。这就是需要解决的问题。韩国首尔的设计师 Daniel Jo 设计的 NHN 茶具很好地解决了这些问题，如图 1-2 所示。

图 1-2　NHN 茶具设计

这个设计采用的是木制壶盖，木材不但有隔热的特性，避免烫手，还有一定的伸缩性，可以使壶盖塞住，避免掉下来。既解决了陶瓷盖在使用过程中烫手的问题，又解决了壶盖容易掉的问题，使这个产品更好用。这就是产品设计。

产品设计的创意不一定要惊天动地，能巧妙地解决需要解决的问题就是好的产品设计。

使用筷子吃饭，是中国人的传统。但在吃饭时有时感觉没地方放筷子，直接放在桌子上，会觉得不是很卫生；直接架在菜碟边缘上，又不是很礼貌；给筷子配套筷子架，又得多添加一个餐具放在桌子上，而且有时候桌子根本没空间放置它。

台湾设计师石大宇设计的自立竹筷（见图 1-3），就巧妙地解决了上述问题。他在筷子的一侧设计了一个支撑点，放置时筷子前端不会接触到餐桌。

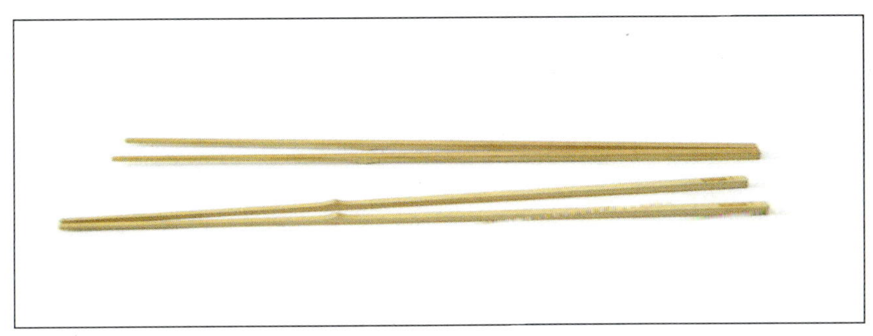

图 1-3　自立竹筷

当然，解决问题的办法不是只有一种，就像“渴了”这个问题，喝水、喝饮料、吃水果等都可以解决这个问题。但是如何选择最好的解决问题的办法，这就需要深入的设计思考。例如，“渴了”这个问题，再深入的思考就是“什么时候渴了”，冬天渴了，我们会喝温水；夏天渴了，我们会喝冰水。根据人群、环境等不同的限定，来选择适合的解决问题的办法。

简单来说，设计产品就是从发现问题到解决问题的过程，设计产品其实就是这么简单。不要给自己设置无形的心理障碍，觉得做设计很难，其实只要掌握了方法，明白了设计原理，设计就会变得很容易。

1.1.2　什么是产品设计

关于产品设计的概念在很多产品设计书籍中都有阐述，在网上也很容易搜到，此处不再赘述。下面主要对产品设计的原理及意义进行介绍。

1. 产品设计原理解析

想要知道产品设计是什么，首先要知道产品是什么，要想知道产品是什么，那就要知道为什么会有产品出现。只有进行深入分析，才能真正地知道产生产品的根源所在。只有了解了产品产生的根本原因，再对其进行设计，才能比较容易设计出不失产品本质功能，同时又有创意的、区别于他人的“新”产品。

人类学研究表明，在从猿到人的转变过程中，人类曾经历了一个使用天然木石工具的阶段。木石工具对于完全的手工来说极大地提高了效率，满足了当时人的需求。但当天然木石工具不能满足人的需求时，便产生了改造或重新制造工具的欲望。例如，石器、铜制工具、铁制工具、现代化的工具等都是根据人的需求不断地提高，而逐步发展与完善的。

因此可以说，**产生产品的根源是人的需求**，而为人的需求所做的物品就是产品。

从对产品的分析得到人的需求，在需求中发现问题，再思考解决问题的办法，最终做出产品，这一系列的过程就是产品设计。产品设计原理如图 1-4 所示。

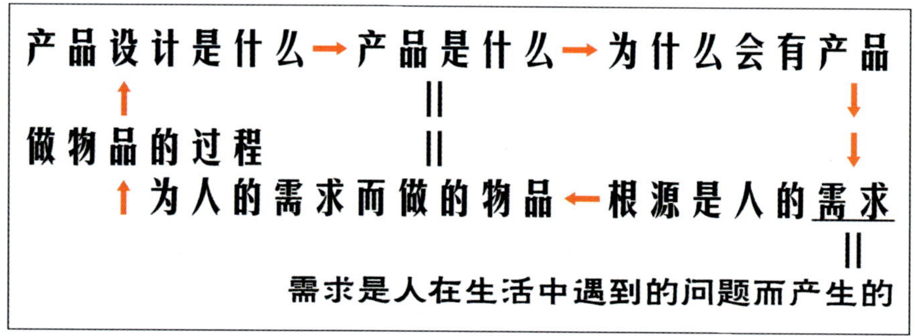

图 1-4　产品设计原理图

综上所述，想要设计产品，首先要找到产生此产品的根本原因，只有了解了产品产生的根本原因，才能分析出人的原始需求是什么，从人的原始需求中去发现能做设计的问题。从根源着手思考问题，有助于打破常规，突破现有产品对设计者的思维局限，便于设计方案的深入，设计出区别于他人的产品。

例如，“手机设计”这个课题，首先通过分析可知产生这个产品的根本原因是为了解决固定电话不能随身携带，以及满足人“随时通信”的需求。然后再针对需求进行设计思考，查找现在的技术，哪些能解决“随时通信”这个问题，对产品进行深入设计。

这个阶段所思考的问题已经不是“手机设计”了，而是“随时通信”。手机只是“随时通信”的一种方式，而“随时通信”还有其他的方式，这样无形中就打破了“手机”给我们的思维局限，突破了固有思维。

现在流行的智能手机，不仅可以通过传统的打电话的方式进行通信，还可以利用互

联网进行通信，而且在便携方面的考虑更独到。例如，设计师 Heyon You 设计的 Galaxy Skin 概念手机，不需要支架，不需要投影仪，可随意弯折，如图 1-5 所示。

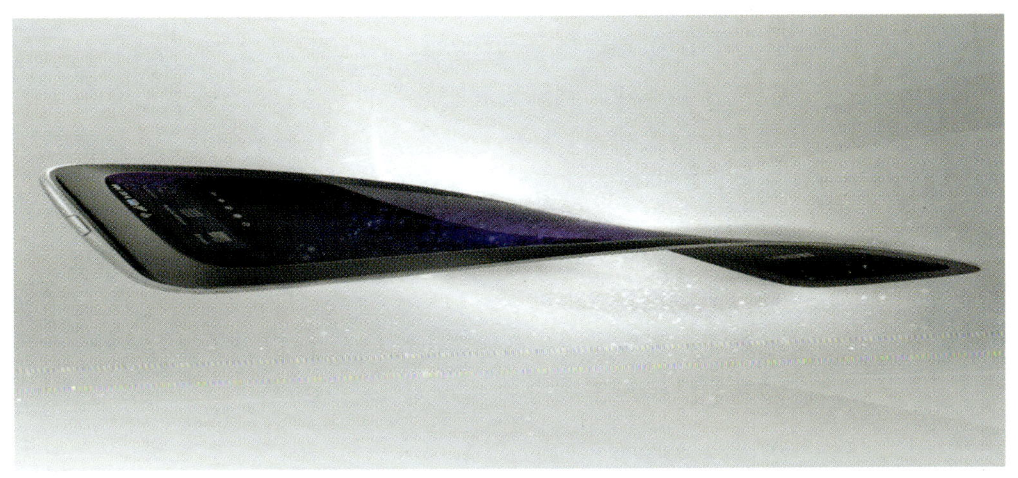

图 1-5　Galaxy Skin 概念手机

产品设计就是根据人的需求去发现问题再解决问题的过程，它是一种为人服务的行为。

产品的功能、结构、形态、色彩及环境条件等更合理地结合在一起，可以满足人们物质及精神的需求。同时设计过程亦是一种新的生活方式的创造过程，通过恰当的设计使人与自然更和谐，对资源的利用更合理，使人类得以长期可持续地发展下去。

由此可见，设计的本质实际上就是：发现不合理的生活方式（问题），改进不合理的生活方式，使人与产品、人与环境更和谐，进而创造出新的、更合理、更美好的生活方式。

也就是说，设计的结果并不一定意味着某个固定的产品，它也可以是一种方法、一种程序、一种制度或一种服务。

上述内容就是产品设计的基本原理，此部分内容不要死记硬背，要在理解中去记忆，在理解中掌握其使用方法。

2. 产品设计的意义

产品设计对企业、消费者和社会都具有十分重要的意义。企业需要产品设计来获得利润，消费者需要产品设计来享受生活，社会更需要产品设计来向前发展。产品设计已经渗透到了人类生活的每个方面。大到航空客机，小到锅碗瓢勺都是产品设计的结果，产品设计美化着生活，引导着生活，也潜移默化地影响着人们的生活。

1.1.3 设计产品过程中应考虑的三个因素

产品设计也不是简单地从发现问题到解决问题就行的，这只是一个总体的解决方式。在解决问题过程中，还要考虑相关的人、环境和机（产品），只有对这三个因素进行细致深入的分析，从中发现能设计的问题，才有可能设计出比较完善的产品。

人、机（产品）和环境三个因素不仅要分别分析，还要作为一个系统整合分析，三者相互联系又相互制约，这样才能完善分析内容，最终发现人与机（产品）、人与环境不和谐的问题所在，人、机（产品）和环境的关系如图 1-6 所示。

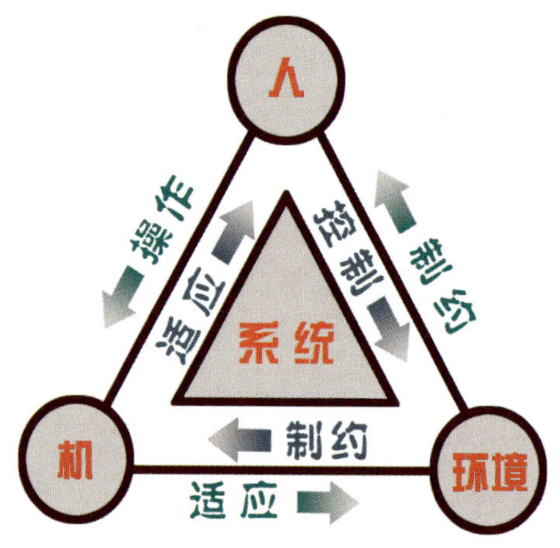

图 1-6　人、机（产品）和环境的关系

人的分析，是针对产品所涉及的人，对其进行特性分析，包括年龄段、生理特性、心理特性、行为习惯、消费习惯等多方面的分析，还要分析人群对产品的使用习惯、操作方法，从中发现人在使用产品过程中存在的问题与潜在需求。

产品分析，这里的“机”指的就是“产品”，分为同类产品分析、类似产品分析和现有产品分析。① 通过对同类产品的分析，了解同类产品的共性与个性，以及此类产品的特性，利于新设计的产品快速地融入市场，被人群接受。② 通过对类似产品的分析，了解和课题内容相关产品的现状，利于开拓设计思路。③ 现有产品分析，主要应用于产品改良设计。通过对现有产品的分析，了解产品的组成部件、材质、工艺、色彩、功能、操作或使用方式，发现其可改部分与存在的问题，分析现有产品的优缺点，保留或强化优点，改良或去除缺点。

环境分析，是针对产品所涉及的环境进行分析，分析这个环境的特点，对产品有什么制约与好处等，从中发现需要解决的问题。

对三个因素的深入分析，有助于突破固有思维的局限，但是分析的结论要有意识地选择符合产品设计方向的内容，分析中所发现的问题要与设计方向紧密相关。与设计方向无关的问题可以作为设计积累，加以记录，但不用对其进行深入分析，避免扩散得太广，不利于对设计的掌控。

在产品设计中，这三个因素不是所有的设计都要分别分析。有的产品可能对使用人群没有特别的限定，谁都可以使用这个产品。有的产品使用环境没有特别的限定，属于全天候型。没有特别限定的就可以不用对其进行深入分析。例如“相框”这个产品，它的使用人群基本上没有限定，无论是小孩还是老人都可以使用，像这样的产品，无人群特殊的限定，就可以不用对其进行人群分析，只要对其他两个因素进行分析就行了。

但是有句话希望大家谨记：设计中没有绝对的事。

同样是设计“相框”这个产品，但设计限定是为儿童设计的相框，这时必须针对人群进行分析，也就是说这个课题产品设计的三个因素都需要考虑，而且对人群的分析还是重中之重。所以针对产品设计的三个因素的分析，要灵活掌握。

对人、机（产品）和环境三因素进行分析的过程中，所查找的资料一定要真实，要有据可依。不要嫌麻烦，要尽量多地查找相关资料，这样所能发现的问题就会比较全面且深入。这部分内容做得越多、越细，后面的方案设计阶段就越容易，基本上就是对这一阶段分析结果的整理过程。

1.1.4 产品设计的程序

产品设计程序的介绍在其他书籍或网络上能查到好多，但总体的方式是不会有什么大出入的。本书产品设计的程序，是根据多年的教学实践整理的，觉得更适合初学者学习使用，能帮助初学者掌握产品设计，突破固有思维的局限。需要注意的是，千万不要觉得设计程序就必须按部就班，不能做任何改动，随着学习的深入，对设计认识的加深，设计程序是可以根据自己的设计习惯等因素而改变的，产品设计程序如图 1-7 所示。

<table>
<tr><td>1. 寻找课题</td><td colspan="5">1）发现问题：是为了发现能作为设计课题进行研究所存在的问题
2）问题整理：是为了得到具有设计研究价值的“设计课题”与大概的“设计方向”</td></tr>
<tr><td>2. 课题分析</td><td colspan="5">是为了主观确定“设计方向”“设计定位”“设计重点”</td></tr>
<tr><td>3. 市场调查</td><td colspan="5">1）是为了客观验证课题分析中所发现的问题的准确性与可行性
2）整理出完善的对设计有帮助的分析结论
3）最终完善“设计方向”“设计定位”“设计重点”</td></tr>
<tr><td rowspan="4">4. 草案设计
设计重点
拆分设计
深入设计</td><td>设计重点①</td><td>解决方案①
解决方案②
解决方案③
……</td><td>功能与结构设计</td><td>选择最适合
设计方向的
设计方案</td><td rowspan="4">5. 完整方案
组合设计</td></tr>
<tr><td>设计重点②</td><td colspan="3" rowspan="3">产生大量的方案
每一个设计重点尽量多想点解决方案</td></tr>
<tr><td>设计重点③</td></tr>
<tr><td>……</td></tr>
<tr><td>6. 整体外观
造型设计
确定方案</td><td>整体外观 形态设计
色彩设计
选取方案</td><td>外观设计</td><td colspan="2">7. 草图模型制作</td><td>是为了检验实体体量的大体关系
验证设计意图的完成效果
从中发现不足之处</td></tr>
<tr><td>8. 三维建模</td><td colspan="2">通过三维建模完善方案</td><td colspan="2">9. 渲染效果图</td><td>渲染不同角度效果图及三视效果图</td></tr>
<tr><td>10. 工程图</td><td colspan="2">产品基本尺寸图</td><td colspan="2">11. 样机与模型</td><td>最终验证设计方案并使之完善</td></tr>
<tr><td>12. 展板设计</td><td colspan="2">展示设计成果</td><td colspan="2">13. 设计报告书</td><td>体现设计思维与设计实施的过程</td></tr>
</table>

图 1-7　产品设计程序

下面对产品设计程序进行介绍。

1. 寻找课题

寻找课题是本书设计流程中的第一步，是设计的起点，也是决定能否做出“好设计”的基础。寻找课题其实就是发现问题的过程。设计课题是从发现的问题中整理出来的。

寻找课题部分，需要完成发现问题与问题整理两部分内容，通过对发现问题的整理，寻找到具有研究意义的设计课题与大概的设计方向。

2. 课题分析

课题分析是针对“寻找课题”后得到的设计课题进行深入的分析，主观确定设计方向、设计定位与设计重点。这是一种“主观”的行为。

3. 市场调查

简单地说，市场调查就是通过实地考察、感受、体验，客观地验证设计问题的准确性与可行性，并记录新发现的问题与潜在的需求。整理出完善的对设计有帮助的分析结论。最终完善设计方向、设计定位与设计重点。

4. 草案设计

所谓“草案”就是快速地把设计创意体现在纸上而形成的草图方案。这个过程一定要快，只要自己明白，能快速记录创意即可。

草案设计中，会把一个整体的产品根据设计重点的需求分成几个大块，进行拆分设计，化整为零，便于初学者掌控设计。针对设计重点的设计，要学会“同一个问题，要有多种解决问题的办法”深入设计的处理方式，便于突破固有思维的局限，设计出有创意的产品。

在此步骤中，能产生大量的设计方案。需要注意的是，设计中不要只考虑外观造型，更要考虑产品的**功能与结构设计**。

5. 完整方案组合设计

在前面的步骤中，把完整的产品拆分成许多零散的设计点，而分别做了设计。在这个步骤中，要把分散的设计点有机组合成完整的产品。

6. 整体外观造型设计

这个步骤中，要把上面步骤中产生的方案进行择优选取，选出适合设计方向的设计方案，再针对选取的方案进行外观造型的深入设计。需要考虑形态设计、色彩设计与方案的选择几个方面的内容。

7. 草图模型制作

草图模型简称“草模”，草模是为了检验实体体量的大体关系而采取的一种表现形式。草模一般在完成草图方案后进行，用以验证设计意图的完成效果，从中发现不足之处，便于设计的进一步完善。

8. 三维建模

在电脑中，利用三维软件做出虚拟的三维模型，可以验证产品是否达到设计意图。三维模型最好是按零件建立模型，便于验证与完善设计方案。

9. 渲染效果图

渲染效果要尽量真实，而且要多种角度渲染，能体现产品各个角度的效果，便于体现产品各个面的设计效果，再结合细节的渲染图，能清楚地表现设计点。

10. 工程图

对于初学者来说，能清楚、准确地表达出产品基本尺寸图就可以。

11. 样机与模型

样机与模型制作是为了检验设计方案是否好加工、好操作、使用方便与安全等方面的因素。通过样机与模型发现设计中存在的问题，并对其进行修改，得到完善的最终设计方案。

12. 展板设计

展板设计是为了展示设计成果，通过展板能体现设计方向、设计点、设计定位等内容。展板要有主要效果图、不同角度图、细节图、尺寸图、使用情景图、设计说明等内容。

13. 设计报告书

产品设计报告书是体现设计者的产品设计思维过程与实施过程的汇报书，能体现设计者的设计思考思路、发现问题与解决问题的方式、设计方案的深入过程等内容。

1.1.5 产品设计的方法

要想能独立地进行产品设计，首先应该了解产品的设计程序，掌握设计程序中每步的内容与要达到的目标，然后再学会主动融汇各种知识解决问题。

1. 产品设计的总体设计方法

首先，明确设计的内容及设计要求。

其次，进行设计分析，从中发现设计的问题。

再次，进行解决问题（学会自己融汇各种知识解决眼前的问题）的思考设计，这个过程中会遇到新问题，再对其进行深入思考设计，重复前面的设计思考过程，直到能巧妙地解决问题。

最后，完成产品设计。

2. 产品设计的具体设计方法

产品设计的具体设计方法介绍如下。

（1）追本溯源（研究历史）：通过资料的查找，了解最初产生这个产品的根本原因，加深对此产品的认知，为产品设计的可行性提供依据。

（2）寻其本质：通过分析，寻找产品的本质功能。本质功能是指产品本身所固有的根本的功能属性。

先分析出课题中所涉及产品的本质功能问题，再寻求其解决办法。想要分析出产品的本质功能，首先需要分析出产品本身所固有的根本的功能属性，然后再对其进行适当的抽象概括，达到拓展设计思考范围的目的，这样有助于突破固有思维的局限。

例如“水杯”这个产品，它最根本的功能就是“盛水的杯子”， 对其进行适当的抽象概括，转化成“盛水的容器”。把杯子变成容器，适当地扩大了思考范围，很容易就突破了原有产品（杯子）对设计思维的无形局限。因为再进行深入设计时，所考虑的设计内容是“盛水的容器”而不是“盛水的杯子”。思考“盛水的杯子”这个问题时，脑中会呈现出各种曾经见到过的杯子，无形中就对思维有了一定的局限。而思考“盛水的容器”时，同样也会受到生活经验的影响，脑中呈现出曾经见到过的能盛水的容器，虽然也有局限，但是已经对思考的问题进行了适当的拓展，所以对设计的思考基本上就没有什么影响了。思考“盛水的容器”时，杯子、碗碟、水壶、荷叶、竹管等都是能盛水的容器，有非常多的解决方案。这样就非常轻易地突破了杯子对设计的思维局限，为设计出有创意的产品打下了较好的基础。

（3）问题分析：通过对产品三要素（人、机、环境）等内容的分析，发现产品存在的问题（除了本质功能问题外的问题）。

（4）列出设计点：根据发现的问题，对其进行适当的抽象概括（抽象概括的方法参照本质功能的处理方式），得到设计点。需要注意的是，一定要对设计点进行适当抽象概括，这有助于突破固有思维的局限。

（5）模仿，借鉴，突破：针对每个设计点，分别查找已有的针对这个问题的解决办法（不一定非得是同类的产品，只要属于这个问题的解决办法就行），模仿其解决问题的方式。再对模仿的解决方式进行深入分析并加以借鉴，结合自己的想法，逐步解决发现的问题。最终，找到属于自己的解决问题的办法（查找的资料要真实，分析的结论要有理有据）。

学习已有的解决方式，适当借鉴其解决问题的办法，再对其进行分析、再设计，逐渐加入自己的想法，完成设计（设计之初最好有个借鉴学习的过程，避免走弯路）。

（6）实验，完善：利用草图模型，检验自己的设计，分析其是否已解决问题，是否存在新的问题等，把设计完善。

（7）设计整理：把自己的设计整理成PPT文档，便于整理自己的设计思路，长期积累，有助于掌握属于自己的设计程序与方法。

1.1.6　产品设计的学习方法

所谓法无定法，无招胜有招是最高境界。但是作为初学者，还是需要一定的设计方法。设计产品就像初学绘画一样，都应该从临摹开始（学习别人的设计方法），再写生（尝试用自己的方式进行设计），遇到问题，再借鉴临摹（不会的地方，通过借鉴别人的方法，学会解决问题的办法），再写生突破（借鉴别人的方法再加上自己的设计思考，突破固有思维，完成设计），这样循序渐进，不断深入地学习、研究、突破的过程，就是产品设计的学习方法。

其中最主要的是要学会融汇各种知识解决问题的方法，同一个问题采用多种解决办法的思维方式。

初学者大多首先考虑产品外观造型的设计，这样的设计方法容易出现“没有想法”“方案少”“没创意”等困局，不利于突破固有思维的局限。不可否认外观对产品来说至关重要，但对于设计者来说，想要设计出好卖的产品，外观设计只是产品设计的一部分内容，不应该首先考虑，功能设计与结构设计应作为首要的设计切入点，由功能与结构来决定外观造型。在满足功能与结构的前提下，再对外观造型进行深入设计，使设计完善。

1.1.7 产品设计的思维方式

产品设计是什么，这个问题用产品设计的思维方式进行分析，要分两方面来说：一方面需要了解**产品**是什么，另一方面需要了解**设计**是什么，针对产品进行的设计就是产品设计。不要直接分析“产品设计是什么”，要拆分开来进行分析，这样分析的方式有助于对“产品设计是什么”进行**全面**的了解分析。这样的分析方式就是产品设计的思维方式。

肥皂盒在日常生活中是常用的一个产品，在使用过程中会发现盒里经常有肥皂水，肥皂易干裂，剩下的小块肥皂不好用等问题，如果只对通过使用发现的问题进行设计分析，是不全面的。

对肥皂盒进行创新设计，利用设计思维的方式思考，除了对肥皂盒进行创新设计之外，还要对肥皂盒的承载物——肥皂进行分析，分析出肥皂的特性，还要分析人在使用肥皂的过程中遇到的问题。这样全面的分析，才能全面地发现这个产品存在的问题，才能满足人的需求，才能设计出有创新的产品。

多色海绵皂盒，在塑料盒内放置了一块海绵，利用海绵能吸水的特点，可以把肥皂水吸收，又能起到一定的保湿作用，防止肥皂干裂。含有肥皂水的海绵又可以用来蹭手上的污物，尤其在手上沾有难清洗的东西时尤为好用。只是增加了一块海绵，就使得这个产品变得非常实用。再配上透明的彩色塑料外壳，整个产品美观又实用，如图 1-8 所示。

一个产品很难做到十全十美，所有问题都在一个产品中进行解决基本不可能，利用设计思维，可以进行全面的分析，尽量多地去发现问题，但进行产品设计时要有主次，要有针对性解决的问题（不可能把一个产品所有存在的问题都进行深入分析解决）。主要解决的问题要深入研究分析，次要的点可以沿用较好的解决方式。

图 1-8　多色海绵皂盒

肥皂用过一段时间后会变小，小的肥皂用起来肥皂泡会比较少，所以很多人在肥皂比较小的时候就选择丢掉，这样做比较浪费。图 1-9 中的设计就较好地解决了这个问题，把小肥皂放到一个纱布袋内，在使用时，用手搓纱布袋，利用纱布揉搓易产生肥皂泡的特点，能轻易地搓出肥皂泡，来满足人的需求。

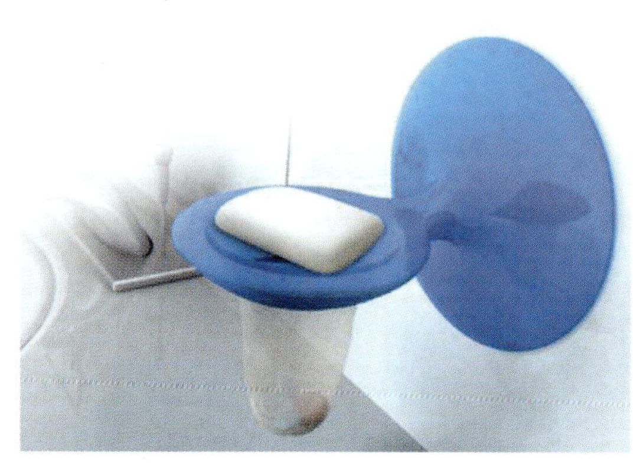

图 1-9 肥皂盒设计

设计的思维方式，是一种全面的分析方式，从中发现产品存在的问题和人在使用产品时潜在的需求，从而进行问题的解决。解决问题的方式也不能只是寻找一种解决问题的办法，同一个问题要采用多种解决问题的办法，从中选择最巧妙的，并且符合设计方向的办法，作为最终的解决问题的方式。这样做不但能找到巧妙地解决问题的办法，还有助于突破固有思维的局限，设计出有创意的产品。

家常做菜，常遇到的问题就是菜的咸淡比较难控制，如果要解决这个问题，利用设计思维的方式该如何进行设计思考呢？首先要分析出造成菜的咸淡不好控制的原因是什么，经过分析发现，造成这个问题的原因是放盐时没有标准的量具，大都是凭着感觉放的，找到了造成这个问题的原因，再思考解决的方式就可以了。

由 Juan Jimenez 设计的智能量勺（Smart Measure）（见图 1-10），就很好地解决了这个问题。将两个不同容积的圆勺组合在一起，可以盛放不同的量。盛满东西时只需滑动勺柄，多余部分会被自动推除，同时盖住可确保移动时勺内东西不会洒落，方便实用。

图 1-10　智能量勺

设计产品的思维方式和购买产品的过程是不同的，购买产品，往往第一注意点是产品的外观对购买者的吸引力，然后才会仔细看产品的功能等细节方面的问题，而设计产品首先要考虑的是产品的功能与结构，以便满足人的需求，然后才考虑外观造型。

设计来源于生活。作为设计者，一定要考虑人在购买产品时的心理状态，考虑人的需求，这样才能设计出符合市场需求的产品。

利用设计思维的方式进行产品设计，同样不能靠死记硬背，因为设计思维不是固定的模式，只能通过设计去理解设计思维的概念，理解其应用的方式。

1.2 设计观

1.2.1 设计需要静心地做研究

（1）设计不能一蹴而就，不能只靠灵感闪现，需要往复地、踏实地做研究，不断地探索改进。

做设计是一个往复研究、逐渐完善的过程。完成一个产品设计需要较长的时间，想要设计出好产品，不能有浮躁的心态，需要静下心来，不厌其烦地对设计内容进行查找、分析与设计，逐渐地完善设计。

人的思维总是容易受到各种因素的局限，通过深入思考完成的方案设计，很难在短时间内对其进行改变，会出现“设计已经很好了”的假象，如果过几天再对其进行深入分析，也许还有可能出现新的、更好的解决方案。

所以说设计需要往复地推敲研究，不断地探索改进方案，逐渐地完善。

做设计与学设计都需要持之以恒，要相信：“一辈子坚持研究一件事，最终一定会成为这方面的大师。”

（2）设计需要有大局观，从中国根本性、普遍性的问题中寻找课题，能切实解决中国社会问题。

设计的出发点要有大局观，要能解决根本性、普遍性、社会性的问题，这样的设计才值得深入研究。

（3）设计不要被学科所限制，要有自己融汇各种知识解决眼前问题的能力。

在设计过程中会遇到各种各样的问题，甚至有好多问题都不是自己所学专业所能解决的，但既然遇到了问题，就不要逃避，要有迎难而上的精神，想办法去解决这些问题。

要培养主动查找资料，融汇各种知识解决问题的能力。不要被学科所限制，现今信息流通这么发达，想查找的知识一般都可以找到，实在查不到还可以问相关专业的人员。只要静心地研究，遇到的问题总会有解决的办法，毕竟同一个问题不可能只有一种解决办法。

（4）设计出发点要积极向上、善良正面。

作为研究型的设计，主题要符合当代社会的主体价值观，满足人的需求，能为人的生活工作提供便利做出贡献。另外，设计要体现出正能量。

1.2.2 要做真实的设计

在教学中存在一种现象，学生对作业和设计课题做腻了，产生这个问题的原因不是学生不爱学习，主要原因是学生所做的课题方式大同小异（即使是课题不同），但大部分都缺少研究价值，没有深入设计的意义。

所谓真实的设计，不一定是针对哪家公司的设计项目进行的产品设计，还可以是针对从中国根本性和普遍性的问题中寻找自己能够解决的项目，从人的需求中去发现问题而整理出具有研究价值的设计项目而进行产品设计。这三方面的内容都属于真实的设计。

要做真实的设计，不要做虚拟的设计。尤其是作为学生进行设计训练的课题，一般都会有较长的学时，在选课题时，一定要具有研究的空间，这样在做课题时才有兴趣去攻克各种难题，达到教与学的目标。

在设计调查与分析的过程中，调查资料要有理可依，分析的结论要具有客观性，这样的资料才能作为真实的设计依据。

1.2.3 设计中不存在绝对的“好”与“坏”

设计中没有绝对的“好”与“坏”，在日常生活中认为有危险的物品，在设计中就有可能利用“危险”进行很好的创意设计。例如仙人掌，满身的刺，会扎人，人们从心理上就会想离它远一点，不会像闻鲜花那样去亲近它。但在设计中，完全可以利用这样的心理，为墙上的插座设计个像仙人掌的套，这样小孩子就不会去碰插座了，就能避免可能会出现的危险。

在做方案设计时，经常会否定很多初级想法，或觉得方案很可笑就否定了。其实做方案设计阶段，不应该轻易地否定自己的想法，即使觉得想法很可笑，甚至是无稽之谈，也应该尝试对自己的想法进行深入的设计思考，然后再决定取舍。也许你认为非常不靠谱的想法就是个很有创意的方案的来源。

水泥是一种非常常见的材料，大多会用在建筑、土木等领域中，这种材料给人的感觉就是冰冷、结实、有厚重感。这种材料的性质感觉根本就不适合做生活用品，因为生活用品常常给人的感觉是柔和的、温暖的。但是，当设计师把水泥混凝土运用于家居生活时，不仅给人们制造了全新的视觉体验，同时给生活带来了诸多的方便。

例如，捷克布拉格的产品设计师 Tomas Vacek 设计了一款 FLOS 水泥吊灯（见图 1-11），其灵感源于秋水仙的芽。灯罩采用水泥制作，表面气泡留下的纹理清晰可见，利用材料本身的加工工艺留下的自然纹理，无需进行复杂的表面处理，就有很好的视觉效果。再配上多种可选颜色的电源线吊绳，实用而又美观。

又如，由米兰 Lucidi Pevere 设计工作室设计的水泥灯具，如图 1-12 所示。

图 1-11　FLOS 水泥吊灯

图 1-12　水泥灯具

再如，由 Sam Kronick 设计的水泥花盆路由器（见图 1-13），是一款带有水泥外壳的无线路由器，同时水泥外壳也扮演着花盆的角色，适合种植苔藓、蕨类等植物。这款路由器的水泥外壳里面是一台 TP-LINK TL-WDR3600 无线路由器，底座为橡木实木，上面有各种接口。水泥花盆可以方便地取下，浇水更加方便。

图 1-13　水泥花盆路由器

诸如此类的设计有很多，作为产品设计者，在设计时不要受固有思维、传统观念的局限，应利用自己的理解设计出有创意的实用产品。

1.3 产品开发设计和产品改良设计

产品开发设计是指从研究选择适应市场需要的产品开始到产品设计、工艺制造设计，直到投入正常生产的一系列决策过程。

产品改良设计是在保持原有产品生产工艺和功能基本不变的前提下，在外观、造型以及功能方面，对产品的局部做适当的调整，使得产品更能够适应人们生活的需要。

从广义而言，产品开发既包括新产品的研制，也包括原有产品的改进和整顿。前者是指开发出在原理、结构、性能、材质、用途等某一方面或几方面具有显著改进或创新的产品，后者是指不断地改进原有产品的性能，淘汰技术老化、性能和款式落后的老产品，它与新产品开发研究相结合，实现产品升级和更新换代。

开发设计需要寻找课题，再进行课题分析等设计步骤，而改良设计直接进行课题分析。开发设计没有产品原型作为参照，改良设计是在原有产品的基础上进行再设计。

当对现有产品进行再设计时，可以将“再设计”定义为：对原有的产品在总体价值上的提升和演绎。其中涉及实用功能、美学功能和象征功能等。

1.4 做产品设计应具备的能力

1. 设计资源搜集的能力（创意能力的培养）

（1）养成随时观察与记录的习惯。要有意识地去留意周边事物，观察并分析它们的优缺点，再用自己的方式（手机拍照、文字记录等）记录下来，这有利于设计者的设计资源搜集，能培养设计者的观察与分析能力。

（2）养成每天看设计作品的习惯。每天不必看得很多，但一定要认真地研究每一个设计，弄清楚它们的设计来源、创新点与解决的问题及解决的方式等，并把看过的设计保留下来。

2. 创意的表现能力

（1）创意草图的表现。草图不一定要画得多漂亮（当然如果有能力，能画得漂亮最好），但一定要透视准确、比例合理，线条不一定要挺、有虚实变化，但尽量做到简练，能准确地表达创意意图。

（2）三维建模与效果图的表现。精通一款三维建模软件，最好是能转成工程图的，如 UG、Pro/Engineer、Solidworks，这几个软件都可以。渲染的软件，可以先学入门级的，如 KeyShot，有时间再学习专门的渲染软件，如 VRay。

（3）平面图形处理。精通一款平面软件，用于修图与排版，如 Photoshop、Indesign 等。

3. 知识的积累

有时间多看与设计相关的书籍、论文与杂志，如设计史、设计心理学等。

1.5 本章需完成的任务

（1）理解什么是产品设计。

（2）了解产品设计程序与方法的应用。

（3）掌握产品设计的学习方法。

（4）理解产品设计的思维方式。

（5）了解正确的产品设计观。

（6）自学查找产品设计的方法。

第 2 章　产品设计前期的内容及应注意的问题

学习产品设计是一个循序渐进的过程，要踏实地理解并掌握每一部分的内容，这样才能做出好的设计。

本章主要讲解产品设计前期的相关内容及设计过程中易出现的问题，引导学生突破固有思维的局限。产品设计前期的工作以调研、分析为主。

2.1 寻找课题过程中应注意的问题

寻找课题，是本书设计流程中的第一步，是设计的起点，也是决定能否做出“好设计”的基础。寻找课题其实就是发现问题的过程，所设计的课题就是从发现的问题中整理出来的。

发现一个好的设计课题，对于整个设计来说就是完成了一半。如何寻找到好的课题呢？首先需要学会发现问题。只有发现了好的问题，才能有提出好课题的基础。好的问题是从具有根本性、普遍性的问题或需求中分析而来的。对发现的问题或需求进行整理，发现其存在的更深层问题，从中找出能解决的、具有研究价值的设计项目作为设计课题。寻找课题的流程如图 2-1 所示。

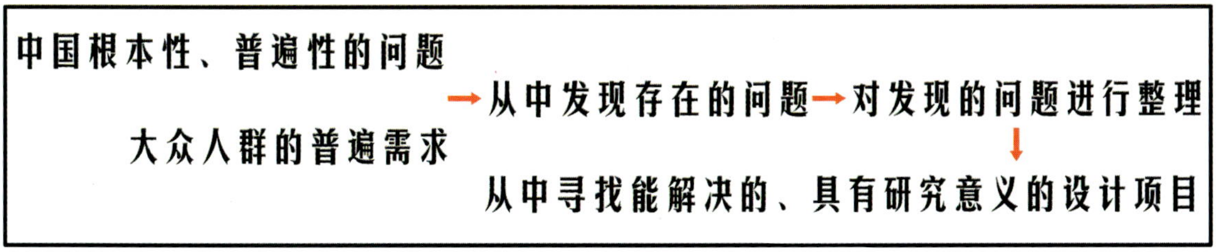

中国根本性、普遍性的问题
大众人群的普遍需求
→从中发现存在的问题→对发现的问题进行整理
↓
从中寻找能解决的、具有研究意义的设计项目

图 2-1　寻找课题的流程

寻找课题时，需要完成发现问题与问题整理两部分内容，通过对发现问题的整理，寻

找到具有研究意义的设计课题与大概的设计方向。

2.1.1　发现问题

发现问题的部分，就是为了发现能作为设计课题进行研究所存在的问题。为下步的问题整理及再寻找具体的设计课题做准备。

1. 发现问题的来源

发现问题的来源主要有以下两部分。

（1）发现问题应从中国根本性、普遍性的问题中寻找自己能解决的项目，能切实解决中国社会性的问题。

这点是针对“较大问题”的分析，寻找的问题要属于中国社会性的“大问题”。所谓的“大问题”是能作为主要设计研究方向的问题，不能作为主要设计研究方向的问题就都属于“小问题”范畴。如雾霾问题、中国人口老龄化的问题等，都是中国社会性的问题，而且可以作为主要的设计研究方向，就属于“大问题”。

按照国际规定，65 周岁以上的人为老年人；在中国，60 周岁以上的公民为老年人。中国古代曾将 50 岁作为划分，现在很多地区的人都还过 50 大寿。随着社会老龄化的日益加重，中国的老年人越来越多，所占人口比例也越来越高，2011 年我国老年人口比重达 13.7%。2012 年，全国老龄委办公室曾发布消息称，2013 年我国 60 岁以上老年人口将突破 2 亿，未来 20 年我国老年人口将进入快速增长期，到 2050 年老年人口将达到全国人口的三分之一。

从上述的资料中可以看出：人口老龄化就是社会普遍存在的问题。可以以这个问题为出发点，对其进行深入分析，从中找到值得深入研究设计的问题点，进而做出满足这一人群需求的好用的产品。

【注意】发现的问题要有真实的依据，是通过对真实资料的整理而得到的结论，不要人云亦云。例如人口老龄化的问题，通过电视、广播等经常会获取与人口老龄化相关的内容，但这并不能作为发现问题的依据。想要以此为设计的问题，就要切实地分析，通过分析得出的结论才能作为设计的问题。这样做有助于深入了解问题产生的根源。

（2）可以在大众的普遍需求中寻找问题，通过对人的需求的分析，寻找问题点。

这点是直接针对人对产品需求的分析，能直接产生设计问题点，主要体现在以下两方面。

① 人的需求是人在生活与工作中遇到了不方便的事，如使用一个产品，在使用过程中不方便操作，找到不方便操作的问题点，这就是要发现的问题。

例如，在日常生活中，当有一段时间不使用杯子时，灰尘就会从杯口掉落到杯子里，然而如果为了防止灰尘掉入而将杯子倒放，杯口与其他物体接触也很不卫生。防尘的问题就是通过使用杯子所发现的问题。

② 人在做某件事的时候遇到了不方便的地方，找到不方便的问题点，也是发现问题的来源。

例如，在上公共汽车时，如果没有很长的排队用的护栏，经常会遇到一拥而上的情况。而长的排队用的护栏，在大多的站点都没有配置，只有一个带有上车口的栏杆。如果在地下画两条平行的白线直通上车口的栏杆，人们会很自觉地站在白线内排队上车，便很好地解决了这个问题。

当然，不是所有的需求都能作为设计分析的起点，发现的问题要具有健康向上的意义，要具有值得研究的价值。那些只是个人的嗜好等小问题，不具有普遍性，不应该作为发现问题的来源。

设计以人为本，所有的设计都是为了方便人的使用而做的，所以只有了解了人的需求，才能发现满足人的需求的问题。

发现问题不是在鸡蛋里挑骨头，可以从社会普遍存在的问题中分析而来，也可以从人的需求着手，但都要对其进行深入的分析，查找真实的资料作为依据，从中得到客观的、真实的结论，然后再整理出能作为设计课题的研究方向。

无论是从社会性的问题中还是人的根源需求中去寻找设计问题，都需要寻找具有普遍性的、较大的问题，那些较小的问题不适合作为设计的起点，因为小的问题不是课题的主要研究方向。例如针对“电视设计”这个课题进行设计，“防尘的问题”虽然是电视这个产品存在的问题，但不属于主要设计研究方向，就不应该作为主要的设计课题，只能作为其中的一个设计点。当然，前文说过设计中没有绝对的事，同样是电视机防尘的问题，对于“电视设计”这个课题来说可能是较小的问题，但是对于“电视防尘”这个课题来说就是大的问题，因为课题主要研究的方向与内容就是“防尘”。电视防尘的问题，就可以作为单独的设计研究方向进行研究设计。

【注意】“电视设计”和“电视防尘”这两个课题所涉及的设计侧重点是不同的。

2. 发现问题的客观评价标准

发现问题的客观评价标准主要体现在以下三方面。

（1）发现的问题是否具有普遍性、根本性，是否能解决人的普遍需求。

发现的问题要具有普遍性，发现问题要客观地调查分析，而不要主观臆断；提出的问题要具有根本性，直接反映问题的根源；不要主观地确定人的普遍需求，而是需要通过切实的调查，分析其是否具有普遍性。

例如现在有很多灯具都带有遥控器，遥控器可以用来调光、开关灯等。这好像是灯具的一种时尚，具有遥控器的灯好像比较有档次。但真的是所有的灯都需要遥控器吗？新装修的房子大部分都要进行改电，都会在床头安置灯的开关，便于开关灯，这样还需要灯具遥控器吗？有些房子，虽然没有床头开关，但有床头灯，这样还需要灯具遥控器吗？显而易见，这样的情况是不需要遥控器的。大部分的房子，在客厅只有一个主灯的开关，一般置于入户门附近。这对于调光和开关灯就不是很方便，这样的情况就有可能需要灯具遥控器。通过上述分析，不难发现，人的普遍需求要切实地调查分析，视情况而定，不能一概而论，更不能主观臆断。

（2）发现的问题是否具有实际的设计研究意义，能否作为长期课题进行设计研究。

所谓研究是值得深入思考，有深入思考的空间的。所发现的问题要具有实际的设计研究意义，是符合人的需求，值得耗费大量时间进行设计研究。

在初学产品设计期间，要找个值得深入设计研究的课题进行设计尝试，通过实际的设计尝试，理解每部分的设计内容，掌握设计原理。

造型简单、功能单一的产品并不意味着不具有深入设计研究的价值，其实任何产品都具有深入设计研究的价值，只不过不适合作为长期课题进行设计研究。

（3）发现的问题是否具有可行性。

有的问题由于加工技术、生产材料等条件的限制，很多都无法实现或即使能实现也会增加很多的设计成本。还有的问题是需要国家制定相关的政策，不是作为设计者能够解决的。这样的问题都是不可取的。所以发现的问题也要注意其可行性，不能空谈。

当然，有概念设计这一说法，但要明白概念设计也不是空想，也需要以当今的技术及生产条件为基础，在此基础上未来一段时间能够实现的，才可以作为概念设计的支撑条件。概念设计也要有真实的技术与工艺的支撑条件，也应具有可行性。

3. 发现问题的注意事项

发现问题过程中应注意如下问题。

（1）无具体的课题，首先要进行“发现问题”与“问题整理”两部分内容，然后再对整理出的设计课题进行“课题分析”这部分的内容。

（2）有具体的课题，就直接进行“问题整理”这部分的内容，然后再进行“课题分析”的内容，无需对课题进行“发现问题”这部分内容的分析。

（3）发现的问题应具有实际的设计研究意义，能否作为所设计产品的主要设计方向。例如“水杯设计”这个课题，虽然功能较少，造型也相对简单，但也可以作为课题进行深入设计研究。只不过要找到值得深入设计研究的方向，如防滑的问题和盛水的方式，前者就不适合作为深入设计研究的方向，因为对于“水杯设计”这个课题来说，设计重点在水杯的盛水与喝水功能，而防滑只是辅助功能。

（4）发现问题，应从中国普遍性和根本性的问题中寻找，能切实解决中国社会问题，从中寻找能解决的问题。作为社会性的问题，大部分都不是作为设计者能够解决的，都需要国家制定相应的法律法规来完成。但作为设计者，不要钻牛角尖，应有灵活的处理问题的手段，可以避免那些设计者不能解决的问题，在其中寻找能解决的设计问题。

（5）发现的问题是人的根本需求。要通过查找真实资料，并对其进行分析研究，找到人的根本需求，才能作为发现的问题。

（6）发现的问题应具有较高的可行性，是设计者能够解决的设计项目，要解决的问题应具有客观依据，不能凭空主观设想，应有相应的资料支撑。

【注意】如果已经有课题了，“发现问题”这部分内容可以省略，直接进行“问题整理”的部分。

4. 本节需完成的任务

掌握如何发现具有研究意义的、能解决的设计问题。

2.1.2 问题整理

1. 问题整理的意义与目的

对发现的问题进行整理，有助于对发现的问题深入认知，有助于突破固有的思维局限，有助于发现具体的、需要设计的问题点，最终得到具有设计研究价值的设计课题与大概的设计方向。

【注意】前面小节中所说的发现问题与本节中整理后发现的问题点是有区别的，本节是对前面小节中发现的问题进行整理，整理出具体的、需要设计的问题点。针对整理出的问题点再转化成设计课题与设计方向。

2. 设计方向

设计方向是整个设计的主干，一定是值得深入研究的方向，并且对下一步的设计深入有明确的引导作用。它一旦确定，就不能再进行大的改动，要从始至终。

设计方向与设计点的关系：设计方向是产品设计中主要思考解决的问题，是一个产品设计内容的支撑。设计点是包括设计方向内容在内的所有发现的问题，再对发现的问题进行适当的抽象概括而得到的。就像一棵树，有主干，有枝杈，而主干就是设计方向，枝杈就是设计点。主干虽然不会笔直地朝天生长，会有些曲折，但总体上是一直向上的，逐渐长成一棵参天大树。设计方向也是这样的，从设计前期到设计完成的整个设计过程，是不断完善的过程。设计方向一定是整个设计最核心的、最主要的设计研究内容。枝杈会随着主干的生长而不断冒出新的枝杈，使树木逐渐茂盛。设计点也是这样的，随着设计的深入，设计点也会随之逐渐完善，如图 2-2 所示。

图 2-2 邵占锋《生命》

例如，“餐桌设计”这个课题，经过分析，发现有以下问题：① 餐桌在不用时，占地面积越小越好，在使用时，桌面的面积尽量大；② 餐桌防滑的问题；③ 擦桌子麻烦的问题。上面这几个问题，都属于在设计餐桌时要考虑的问题，但如果把餐桌的防滑问题作为“餐桌设计”这个课题的设计方向，就没有深入研究设计的价值。

设计方向是通过对课题的整理、分析得来的。一旦确定了设计方向，就不能再做大的变动，但又可以随着设计的深入适当地变动，使之逐渐完善。所以在确定设计方向前一定要对课题进行认真的整理与分析，以便得到**切实可行**的设计方向。设计方向是整个设计的核心与灵魂所在。

所谓的切实可行，就是根据当前的技术与工艺能够解决的。例如擦桌子麻烦的问题，如果思考的解决问题的方式是吃完饭后污渍自动回收，整理成设计方向的话就是能自动回收污渍的餐桌，虽然想法很好，但是目前解决不了，这就不是切实可行的设计方向。

3. 问题整理的内容与步骤参考

（1）问题的本质特性分析。

本质特性是指本质功能、本质特点等最根源的东西。对问题的本质特性进行了解调查，找到其科学的阐述依据，有助于对课题的详细了解，有助于认清问题的本质，有助于对设计方向的把控。

下面通过三个案例进行分析。

①“老年人容易忘记吃药的问题”本质特性分析

“老年人容易忘记吃药的问题”，是老年人普遍存在的问题。针对“老年人容易忘记吃药的问题”进行问题整理，首先需要了解并分析产生这个问题的根本原因。通过分析发现，老年人之所以经常忘记吃药，主要的原因是老年人身体机能出现了老化的问题，导致每天会吃很多不同种类的药，而且很多药每天都要吃两到三次，有的药还有饭前、饭后的要求，甚至还有具体的时间限制等，这么多的限制，即使是年轻人忘记吃药也是正常的。老年人每天要吃很多次而且有时间要求的药，这就是造成老年人容易忘记吃药的原因。但“老年人容易忘记吃药的问题”的本质特性并不是需要吃很多的药，身体机能逐渐老化才是这个问题的本质特性，是导致老年人需要吃很多药的根本原因。

通过上述的分析，可得到两个设计方向：增强老年人身体机能的产品设计和帮助老年人按时吃药的产品设计。

②“杯子的防尘问题”本质特性分析

“杯子的防尘问题”，这个问题的本质特性是什么呢？是盛水还是防尘？显而易见，其本质特性是要分析防尘的问题，如果是“水杯设计”课题，其本质特性就是盛水。

针对“杯子的防尘问题”，Gao Fenglin 和 Zhou Buyi 设计了 40° 倾斜杯（见图 2-3），巧妙利用杯子手柄设计，解决了刷洗后杯子沥水的日常烦恼，轻松而实用地解决了卫生的难题。当杯子斜放在桌子上，在实现功能的同时，其倾斜的造型犹如动态中保持平衡的舞者。

图 2-3 倾斜杯设计

③“笔筒设计”本质特性分析

“笔筒设计”这个课题，它的本质功能是什么呢？有的人认为是放笔的筒或放笔。如果将其本质功能定义为放笔的筒，很容易让设计者联想到各种圆筒、方筒等筒的造型结构，对设计者无形中就产生了思维的局限。如果将其本质功能定义为放笔，又有些太空，不能起到明确的引导作用。

对于涉及具体产品的课题，对其本质功能或设计点进行整理时，要注意对整理出的内容进行适当的抽象概括，这样才有利于突破固有思维的局限。例如“笔筒设计”这个课题，其本质功能应定义为放笔的方式。如果定义为放笔的空间或放笔的容器，其实也是对其进行了抽象概括，但没有放笔的方式对设计者的思维拓开得多。如果觉得拓开得太多，害怕收不回来，那么使用放笔的容器作为这个课题的本质功能也是可以的。例如“水杯设计”这个课题，整理后其本质功能可以定义为盛水的容器。这样的本质功能，对其进行深入设计时，所考虑的内容都离不开容器这个范围，而用手捧水喝也是盛水方式的一种，但不在这个设计范围内，就无需考虑了。反之，如果想尽量地拓开设计思维，那这个课题的本质功能就应该定义为盛水的方式。

诸如此类的课题很多，在对其本质功能进行分析时要注意抽象概括的尺度的把握。

本质特性的分析，有助于突破固有思维的局限，拓开设计思路。

（2）问题的现状陈述并分析其存在的问题，再整理出问题中存在哪些设计项目。

“现状”是指问题所涉及内容的状态，对于产品来说是指目前产品的状态。就像手机这个产品，目前的状态是智能机占据主流市场，但老式的手机也占有一定的市场份额。在对其现状进行分析时，首先要分析出产生这种现象的原因，再根据设计方向与设计定位进行有针对性的现状分析。

分析的方法：首先对现状进行陈述；然后针对现状陈述的内容分别进行分析，分析其存在的原因和能否改变，发现现状陈述内容中存在的问题；最后分析其中可能存在的设计项目，并整理出设计项目，尽量对其进行详细的分析，多多整理。

例如，通过资料的查找与分析发现产生人口老龄化的原因有以下几点。

① 育儿费用的提高，生产生活节奏的加快，生活压力的加大，造成生育率不断下降，出现众多丁克族。要想解决这个问题，需要鼓励生育，制定一些相关政策降低育儿费用，减少育儿压力等，这种解决问题的办法，作为设计者是无法完成的，所以这个问题点不能作为设计的课题。

② 医疗技术进步，公共卫生水平提高，人均寿命延长。未来随着医疗技术的进步，人均寿命可能还会延长。通过这个分析的结论发现，人均寿命的延长是社会进步而必然出现的现象，所以这个问题点也不能作为设计课题。

③ 计划生育等政府限制生育的政策。这个问题点显然也不是作为设计者能解决的问题，也不能作为设计课题。

人口老龄化产生的原因，作为设计者都不能从根本上解决其存在的问题，但并不意味着这个问题不能解决，还可以从人口老龄化所引发的问题中去寻找能解决的问题。养老问题、医疗问题、社会服务负担加重、劳动人口负担加重、慢性疾病问题、老人生活质量问题、独居老人比例增大、老人精神空虚、老人孤独等问题都是人口老龄化所引发的问题。

① 通过分析发现，产生养老问题、医疗问题、社会服务负担加重、劳动人口负担加重、老人生活质量问题的根本原因是老人不再创造经济价值。

家有一老如有一宝，这个俗语就很好地阐述了老人的价值。其实老人的生活与工作经验、技术、知识等方面都非常丰富，而这些需要长期积累才能得到的财富，往往是年轻人所欠缺的。

应对人口老龄化的对策除了需要国家建立和完善养老保障体系，创造保障老年人权益的良好社会环境之外，还要大力发展老龄产业，研制、开发、生产适宜老年人物质和精神需求的产品，鼓励和引导老年用品市场的发展。

倡导和鼓励老年人自立，发挥老年人参与社会生活的潜力，充分开发老年劳动力资源。老年人自立程度的提高，不仅减少了对子女的依赖，而且还可以为家庭和社会做许多事情，应鼓励那些有一技之长、身体尚好的老年人再就业，解决老人不再创造经济价值的问题。

随着生活水平的提高和医疗卫生事业的发展，老年人的健康状况越来越好，这为他们在生活上自立提供了身体基础。这些人体力好，有知识，有经验，是社会的宝贵财富。为老人创造一个能发挥余热的场所，利用老人的经验、技术、知识，挖掘这部分人的劳动力资源，把他们的“余热”变为社会财富，促进经济的可持续增长。

② 慢性疾病问题，是老人身体机能逐渐衰退而引发的问题。人随着年龄的增长，身体机能逐渐老化减退，是不可避免的自然法则。但正所谓生命在于运动，适量的运动能减缓身体机能逐渐老化的进度。很多疾病并不是到了老年才开始产生的，而是在年轻的时候就产生了，到了老年才引发。设计者可以分析患有不同慢性疾病、老年病的老人，有针对性地对其设计适合的健身器材，增加或促进老人运动。

老年病所引发的设计问题，除了运动器材之外，还有很多可以设计的课题。如老年病大部分都是不能根治的，即使去医院就医，有时候也不能解决问题。作为设计者，可以根据老人的不同情况，对其进行深入的分析了解，设计出能减缓老人痛苦的产品。就像设计一个能促进老人进行适量运动的产品，这个产品不是简单的运动器材，还要能帮助老人提高主动进行适量运动的积极性。

再如，有些老人会“得病乱投医”，以现在的医疗能力，很多常见的老年疾病都无法根治，但得病的老年人会很困扰，为了能治好自己的病，就会买一些自己认为对症的药来吃。常见的就是很多老年人会买“广告药”，要不就是道听途说，然后就买回来试试等，诸如此类的事情非常多。为什么会有这种不正常的现象经常出现呢？这是值得深思的一个问题。

③ 除了子女对老人的关心程度不够，需要子女尊老之外，产生独居老人比例增大、老人精神空虚、老人孤独问题的根本原因是老人没有社交活动，也缺少兴趣爱好。长此以往，不但对身体健康不利，而且还容易精神空虚。为老人找点事做，不但有利于其身体健康，还能让老人觉得有存在的价值。作为设计者，这个问题是非常值得进行深入研究设计的。

综上所述，会发现有很多分析内容与产品设计好像没有什么直接关系，但要注意的是这些内容又不可或缺，只有对问题进行详细的整理、分析才能得到相对比较完善的分析结论，而且对分析内容会有较深入的认知，从而得到设计项目。

上述内容是针对发现的问题进行整理分析，但对产品来说，分析的内容与方式要有所区别。但万变不离其宗，都是对现状的分析。

通过资料的查找，对课题所涉及产品的组成部件、结构、功能、材质、加工工艺、造价、包装、运输等进行真实准确的阐述并整理成图文形式。通过对这些内容的整理分析，从中发现问题，并把发现的问题列出来，整理出需要进行设计的项目。

例如常见的塑料椅子（见图 2-4），其设计的定位就是价格低、便于携带。但从运输上分析是按重量或体积而定的，所以为了节省运输成本，就需要对这方面进行设计。把椅子设计成能摞起来的，这样在很大程度上节省了运输的成本。

图 2-4　塑料椅子

对产品的现状来说，不一定都要对其进行组成部件、结构、功能、材质、加工工艺、造价、包装、运输等这些方面的全面分析，可以根据设计方向、设计定位适当选择分析内容。每个产品都不可能做到十全十美，只要相对完美地解决了主要的设计点，达到了设计目标就可以了。

（3）整理出能解决的设计项目。

对分析出的设计项目进行整理，找到符合“寻找课题客观评价标准”的设计项目，再分别针对每个设计项目进行详细的分析整理，找出自己能解决的、感兴趣的、符合现今市场需求的设计项目。

一般来说，通过现状的陈述分析，得到的能够解决的设计项目会有很多，但想要学会做好的设计就需要往复地、踏实地进行不断研究的工作，所以不要轻易地确定最终的设计课题，要从众多的设计项目中分析出最好的、最具有设计意义的、能解决人群需求的设计项目，来作为最后的设计课题。

针对前面“人口老龄化的问题”进行的分析，整理出下面几个设计项目。

① 为老人创造一个能发挥“余热”的场所。

从表面上看，这个问题是需要社区等部门才能解决的问题。但是作为设计者，千万不要轻易地做出否定，一定要对其进行深入的分析后，再决定取舍。老年人无论是生活经验还是工作经验都非常丰富，这是绝大部分年轻人所欠缺的，这是通过长时间的实践积累的无形资产。作为设计者，完全可以利用老年人这个优势，解决这个问题。例如创建一个平台，收集各种需要解决的问题，让老人帮助给出解决办法等。

② 满足老年人物质和精神需求的产品。

人口老龄化就意味着老年人所占人口的比例越来越大，针对老年人市场设计相关的产品会有很大的需求，不但能解决老年人物质与精神的需求，还能缓解由于人口老龄化带来的社会压力。

以电子产品为例，一些企业会专门进行老年人产品设计。例如，老人手机只保留拨打和接听功能，省去其他复杂功能。考虑到老人听力衰退，手机的听筒、扬声器也采用比普通手机尺寸更大的型号，打开就能听到清晰的声音。由于功能简化，手机的零售价也大大降低。

图 2-5　老年人手机设计

Emporia 公司设计的一款老年人手机（见图 2-5），采用了非常简单的设计，键盘显得非常宽大。除了接听和挂断键外，导航键也采用了比较大的设计，并且只有上下两个方向的调节。另外屏幕也采用了单色的限制，为了方便外出使用，这款手机并没有采用内建锂离子电池的设计，而是采用了 AAA 型电池，这样的设计也非常独特。

又如，针对老年人使用电脑主要是上网浏览新闻、玩简单的游戏、看影视、与不在身边的家人“见面”及整理存储照片等需要，“轻松上网电脑”产品相继问世，深受老人欢迎。

一直以来，父母长辈们对平板电脑的使用有很多顾忌，比如字体太小，操作复杂。而联想亲情平板电脑（见图 2-6），用超大字体设计和简洁明了的界面，直接显示老人常用的核心功能，给使用者带来良好的用户体验。为老人专门定制的 8 款常用应用——养生、游戏、新闻、阅读、影视、聊天、理财、上网，一目了然地展现于主界面上，使用时想看哪个点哪个，轻松便捷，简单易用。联想亲情平板还预置了多款适合老人的中文应用，避免了老人因不懂英文的误操作，将贴心预置进行到底。

图 2-6　联想亲情平板电脑

再如老人开门浴缸（见图 2-7）的设计就十分巧妙。设计者在浴缸边上开个门，泡澡时，老人可打开边门进去。由于边门采用防漏磁条，密闭性能很好，洗澡时不会漏水。洗完后，把浴缸中的水放干净，再打开边门出来。浴缸内外还都铺有防滑的橡皮垫子，防止老人泡澡时因跨越浴缸而摔跤。

图 2-7　开门浴缸

③ 能促进老人进行适量运动的产品，解决老人健康的问题。

老年人由于疾病所限，有的可以正常运动，有的只能做适量的运动，但很少有人真正了解自己应该做多少运动。这个设计方向会帮助老年人了解自己的身体状况，使老年人可以放心地运动，增强体质，甚至还能增加老年人对抗疾病的自信心。

④ 提醒老年人按时吃药的产品。

提醒老年人按时吃药的产品有很多，但了解了一些相关的产品后发现，并没有很好地解决这个问题的完善的产品。这个问题还有很大的设计空间。

EasyPill 是一款十分智能的老年人用药提醒创意健康产品（见图 2-8），它不但可以通过灯光来提醒老人按时用药，准确用药，还能够记录用药情况并通过相应的 APP 软件即时告知医生和家人。

图 2-8 EasyPill 智能用药提醒系统

⑤ 帮助老人与家人互动的产品。

老年人随着生理和心理的变化，更加关注自己的身体健康，但行为能力和认知学习能力下降，尤其是高龄老人和病残老人需要照料和护理的时间增多，容易产生自卑、孤独、失落、抑郁的心理，较为容易情绪化，适应周围变化的能力降低，需要更多情感上的交流和关心。

通过调查发现，即使是与老人共同生活在一起的儿女，与老人的交流时间也不会很多，老人也存在孤独的问题。造成这个问题的根本原因是老人与儿女之间缺少“交集”。俗话说“隔代亲”，产生这个现象的原因除了老辈人对孩子的喜爱外，最主要的是因为老人和孩子之间进行交流、游戏等互动的时间比较多，他们之间有很多共同的事情做。如何让老人增加与家人的“交集”，避免老人的孤独感，是这个设计方向需要解决的问题。

利用体感创新技术开发的互动平台，不但能提高运动热情，还能增加家人之间的互动，培养共同的兴趣爱好，避免老人的孤独感，如图 2-9 所示。

图 2-9　体感互动

“帮助老人与家人互动”的设计方向甚至可以拓展到“帮助老人与其他人互动”的设计方向，避免老人孤独、精神空虚的问题。

无论是有兴趣爱好的还是没有兴趣爱好的老年人，都会有精神空虚的现象，想要解决这个问题，必须要找到导致老年人精神空虚的根本原因，再根据具体情况解决问题。作为设计者，应该通过产品设计，满足老人的需求，提高他们的生活质量，帮助老人拥有美满幸福的晚年生活。

（4）确定设计课题与大概的设计方向。

在“整理出能解决的设计项目”中，选择一个能解决的、具有深入设计研究价值的、可行的设计项目，再对此设计项目进行深入的分析与整理，得到具有设计研究价值的设计课题与大概的设计方向。

确定课题名称与大概的设计方向（设计方向应该是随着设计分析的深入，而逐渐完善的），用文字的形式描述出来。

如在“整理出能解决的设计项目”中，根据分析老人使用手机时存在的诸多问题，整理出“老年人轻松使用的手机设计”这个值得深入研究设计的课题，这个课题的设计方向是能帮助老人轻松地使用手机。

轻松地使用是指便于老人操作，不用复杂的指令，很容易地就会使用接电话、打电话、存储联系人、查找联系人、查看信息、编写短信这几个基本的操作。

这个设计方向对下面的设计具有明确的引导作用，就是轻松地使用。

4. 问题整理的客观评价标准

（1）问题整理的内容是否真实、准确、深入。问题整理的资料的查找要真实可靠，查找的内容要有一定的深度，分析的结论要尽量准确，有据可依。

（2）“设计课题”是否可行（是否具有普遍性和根本性，是否能自己解决，是否能切实解决中国社会性的问题）。

（3）“设计方向”是否值得深入研究设计，是否对下面的设计有明确的引导作用。设计方向是设计课题的最主要的设计研究内容，要具有普遍的需求，有值得研究的价值与意义。整个设计过程都应以设计方向为主，不能偏离，但可以随着设计的深入，逐渐完善设计方向的内容。

5. 问题整理过程中应注意的问题

（1）分析内容的依据（查找的资料等）要真实，有据可查。

（2）发现的问题要分析其是否有解决的可能，现在的技术与工艺无法解决的就不要作为设计研究的项目。

（3）问题整理过程中，分析的内容要尽量地全面，以便发现更多的问题，从中寻找目前没有解决的问题和解决不完善的问题。

（4）设计方向要具有研究意义，这个设计方向只是通过主观的分析得到的，还需要通过市场调查进行验证，从而完善最终的设计方向。

（5）对已有的课题进行问题整理，是对已有课题所涉及内容的再认知，通过深入剖析，利用分析的内容拆分、打破固有课题的思维局限。

（6）设计课题与设计方向是在“整理出能解决的设计项目”中选出的。再对选出的设计项目所涉及的设计内容做进一步的分析，通过适当的深入分析，只要能整理出设计课题与设计方向即可，更深入的分析会在后面进行。

（7）问题整理过程中，只要发现了问题就要记录下来，暂时不用考虑其是否可行，甚至很幼稚的设计灵感都应该做出记录，不要轻易地放弃发现的问题与设计灵感，也许好的设计就在其中。

（8）在“整理能解决的设计项目”步骤中，不要轻易地放弃已经发现的设计项目，要通过多角度的思考，来确定其可行性，再决定其最终的取舍。

（9）设计方向是整个设计的主干，一定是值得深入研究的方向，并且对下一步的设计深入有明确的引导作用。它一旦确定，就不能进行大的改动，应从始至终，但可以逐渐对其进行完善。设计方向是整个设计的核心创意点，是重中之重，一定要深入研究。

例如“手机设计”这个课题中，好多同学发现了电池与屏幕的问题，都想对其进行再设计，但是这些问题不只是我们知道，手机公司也知道，并且肯定在想解决方案，甚至已经有了解决的方案。在这种情况下，学生还有必要把这些方面作为自己的研究方向吗？

怎么能超越前辈，找到好的创意思路，怎样才能真正地寻找到值得深入研究设计的设计方向，是需要认真思考的问题。**所以一定要在问题整理过程中多下些工夫，从中找到值得深入研究设计的设计方向。**

6. 本节需完成的任务

得到可行的、具有设计研究价值的设计课题与设计方向。

2.2 课题分析过程中应注意的问题

课题分析是针对“问题整理”后得到的设计课题进行深入的分析，主观确定设计方向、设计定位与设计重点。

通过对课题的分析，从中发现存在的问题，再通过对发现问题的整理，经过适当的抽象概括，转化成与设计方向相符的设计重点，为下面的设计做准备。

2.2.1 寻找课题与课题分析

寻找课题的部分，需要完成发现问题与问题整理两部分内容，通过对发现问题的整理，寻找到具有研究意义的设计课题与大概的设计方向。

发现问题的部分，就是为了发现能作为设计课题进行研究所存在的问题。为下步的问题整理，然后再寻找具体的设计课题做准备。

问题整理的部分，是对发现的问题进行整理，是为了突破固有思维的局限；是为了对设计问题的深入了解与认知，以便寻找到值得进行深入研究设计的课题与大概的设计方向（设计方向是可以随着设计分析的深入而逐渐完善的）。**“问题整理”是进行“课题分析”前必做的步骤。**

课题分析的部分，是通过课题中所涉及的人群、环境、产品等方面的深入分析，主观确定设计方向、设计定位与设计重点。

寻找课题中的发现问题与问题整理和课题分析的目的及内容是有区别的，一定要认真地理解它们之间的不同，便于有针对性地进行内容分析，如图 2-10 所示。

	目的	内容及步骤
发现问题	是为了发现能作为设计课题进行研究所存在的问题	①发现问题应从中国根本性、普遍性的问题中寻找自己能解决的项目，能切实解决中国社会性的问题。 ②可以在大众的普遍需求中寻找问题，通过对人群需求的分析，寻找问题点。
问题整理	是为了得到具有设计研究价值的“设计课题”与大概的“设计方向”	①问题的本质特性分析。 ②问题的现状陈述并分析其存在的问题，再整理出问题中存在哪些设计项目。 ③整理出能解决的设计项目。 ④确定设计课题与大概的设计方向。
课题分析	是为了 主观确定 “设计方向” “设计定位” “设计重点”	①产品的本质功能问题分析，追本溯源（研究历史）了解此产品产生的根本原因，分析人群的根本需求。 ②课题涉及的“人群”特性分析及人群对课题中所涉及产品的需求分析，从中发现存在的设计点。 ③课题涉及的“产品”分析，从中发现存在的设计点。 ④课题涉及的“环境”分析，从中发现存在的设计点。 ⑤主观确定设计方向、设计定位与设计重点。

图 2-10 寻找课题与课题分析的关系

2.2.2 设计定位

设计定位，是将课题分析的结论与设计要求结合，通过市场调查确定其可行性后，定位新产品的整体概念。这样的概念通常是以文字格式来做叙述，会将市场定位、目标客层、商品的诉求、性能的特色与售价定位做定义式的条例描述。

能确定的内容，才能对其进行设计定位，不能确定的不能进行定位。完整的设计定位是通过市场调查对课题分析的结果进行客观的认定，客观地确定了设计方向、设计重点的可行性后，才能进行产品设计定位。

设计定位的正确与否直接关系到项目的最终成败。例如现在市场上的老年手机，功能简单、按键大的形式就称为老年机了，但也有很多老人有上网聊天、看新闻、看影视、玩游戏等需求，这样的老年机明显就不适合这部分人群的需求，所以不能一概而论。设计者必须要对“目标客层”进行深入的分析，同样为老年人群，也会有不同的需求，根据不同人群的需求做出准确的设计定位，这样才能真正地满足人群的需求。

2.2.3 课题分析的内容及参考步骤

完成课题分析的内容，等于完成了整个设计的一半。课题分析中的每个步骤都会产生设计点，针对设计点思考解决问题的方案，也属于课题分析的内容。

1. 产品的本质功能问题分析

追本溯源（研究历史）了解此产品产生的根本原因，分析人群的根本需求。

（1）本质功能分析

分析出课题涉及产品的本质功能问题，围绕本质功能问题，进行寻找解决问题的办法分析。这样能首先确保设计的本质问题得到解决。在这里必须强调指出的是，**一定要分析出课题所涉及产品的根源的本质功能问题，不要考虑其他的限定。**

例如“老年人轻松使用的手机设计”这个课题，其本质功能问题是“轻松使用”还是“手机”呢？这两个都不是本质功能问题。这个课题的本质功能问题是“移动通信的方式”。不要被自己的设计方向（轻松使用）所迷惑，直接找到最根源的本质功能问题点，这样有助于突破固有思维的局限。就像“打电话”只是移动通信方式的一种而已，还有视频聊天甚至是面对面的聊天等其他的移动通信方式。针对“移动通信的方式”这个问题进行设计分析，用文字或图片的形式整理出都有哪些内容符合这个问题的解决方案，这样做就能轻易地突破固有产品对设计思维的局限。

对于初学者来说，可以利用借鉴学习与设计突破相结合的方式来解决发现的问题。查找这个问题的解决办法都有什么，分析其解决问题的方式，再结合自己的想法，解决发现的问题。在这步中，主要是借鉴学习与设计突破的逐渐完善设计思考的过程，这是一个往复的学习与突破的过程。

（2）人群对产品最根源的需求分析

追本溯源（研究历史）了解此产品产生的根本原因，这部分内容主要是通过查找真实的资料来分析出课题中所涉及的产品最初产生的原因，从而分析出当时人群的原始需求，有助于把握住问题的本质，便于突破固有思维的局限。

例如“老年人轻松使用的手机设计”这个课题，所涉及的产品就是“手机”，我们要通过查找真实的资料来分析出，产生“手机”这个产品的根本原因是什么，人群的根本需求是什么。

通过资料的查找发现，摩托罗拉 DynaTAC 是世界上最早的手机，当时，负责摩托罗拉无线领域研发，后来被尊称为手机之父的马丁 • 库珀（Martin Cooper）任命 Krolopp 为项目组长，负责世界上第一台手机的开发工作。库珀说，当年摩托罗拉是一家小企业，所面临的对手是美国电话电报公司，即当时处于美国乃至全球绝对垄断地位的硬件生产商和通信服务运营商。按照他的说法，研发全球第一部手机的驱动力是“竞争”和“骄傲”。通过上述资料，可以分析出产生“手机”这个产品的根本原因是为了“满足人群移动通信的需求”，进而增强企业在行业的竞争力。

通过上述分析，确定了“老年人轻松使用的手机设计”这个课题的本质功能问题是“移动通信的方式”。接下来要做的是针对“移动通信的方式”这个问题进行设计思考，思考解决问题的办法有哪些。

【注意】针对一个问题点，一定要多找几个解决这个问题的办法，这样做有助于突破固有思维的局限，开拓思路，再从中整理出符合自己设计方向的、可行的设计方案。产品本质功能问题分析步骤如图 2-11 所示。

分析本质功能问题
分析人群根本需求 ➡ **转化成设计点** ➡ **思考解决问题的方案** ➡ **确定方案**

图 2-11 本质功能问题分析步骤

（3）本质功能问题分析中应注意的问题

① 本质功能问题分析一定要分析出课题所涉及产品的最根源的本质功能问题，不要受其他的设计限定影响。

② 借鉴学习的方式不是原封不动地借用，而是学习其解决问题的方法，弄清原理，再结合自己的思考应用到设计中。

③ 对本质功能问题的分析和人群根本需求分析时，要结合自己的思考进行资料查找，资料内容的真实准确性需要认真地进行甄别，要有依据。

2. 课题涉及的目标客户群（即人群）特性分析及目标客户群对课题中所涉及产品的需求分析

（1）分析目标客户群的意义

通过对目标客户群特性的分析，有助于深入了解目标客户群，有助于了解人群的真正需求，更有助于突破固有思维的局限。

随着我国经济市场化程度的不断加深及买方需求的多样化趋势，构成产业链的元素进一步分裂。为满足消费者日益细化的需求而衍生出的许多细分行业使单元产业的价值链条逐渐加长，通吃产业链的产品已经成为过去时，针对部分消费者（目标客户群）的细分需求制定产品定位，方可打造企业的核心竞争力。

企业在制定营销方案时所面临的最大问题就是把产品卖给“谁”，也就是确定目标客户群的问题。市场之大，消费者何其众也，国内尚且如此，更何况国际市场，企业在确定目标客户群的时候，首先要针对所有的客户进行初步判别和确认。

（2）初步确定目标客户群

在初步确定目标客户群时，必须关注企业的战略目标，它包括两个方面的内容，一方面是寻找企业品牌需要特别针对的具有共同需求和偏好的消费群体，另一方面是寻找能帮助公司获得期望达到的销售收入和利益的群体。设计者通过分析居民可支配收入水平、年龄分布、地域分布、购买类似产品的支出统计，可以将所有的消费者进行初步细分，筛选掉因经济能力、地域限制、消费习惯等原因不可能为企业创造销售收入的消费者，保留可能形成购买的消费群体，并对可能形成购买的消费群体进行整理，整理的标准可以依据年龄层次，也可以依据购买力水平，还可以依据有理可循的消费习惯。由于分析方法更趋于定性分析，经过筛选保留下的消费群体的边界可能是模糊的，需要进一步的深入分析。

【注意】如果设计课题已经限定了目标客户群，那初步确定目标客户群这部分分析内容就可以省略，直接进行下面的设计环节。

针对初步确定的目标客户群，设计者下一个目标就是分析目标客户群的特性及目标客户群对课题中所涉及产品的需求分析，从中发现存在的设计点。

（3）目标客户群的特性分析

目标客户群的特性分析主要进行人群的生理特征分析、心理特征分析、生活习惯分析、经济能力分析、消费习惯分析等几方面的分析。通过真实资料的查找、整理相关的生活经历与市场调查相结合的方式，从多方面整理与分析出目标客户群的特性，最后根据分析的结论，结合设计课题内容，分析出目标客户群可能存在的潜在需求。

要说明的是，想对目标客户群进行分析，首先要了解目标客户群的基本状况。例如老年人群体，就要先弄清“老年人”这个概念，然后再对老年人群体的特性进行深入分析。下面主要对老年人群体特性分析进行介绍。

我国历来称60岁为“花甲”，同时由于我国地处亚太地区，这一地区规定60岁以上为老年人。我国现阶段以60周岁以上为划分老年人的通用标准。

但随着物质、文化水平的提高，特别是科技、医药、卫生事业日益发展，人类平均寿命也在逐渐增加，由过去的50多岁增长到现在的70或是75岁，有些社会已达到80岁，而年过百岁的人也并不少见，因此所谓“人过七十古来稀”的说法在今天已经不适用了。不过在医学、社会学、公共卫生领域，为了统计与讨论的方便，一般把60岁作为老年期的开始，也就是说年过60岁的人一般可以认为是老人了。

生理特征、生活习惯、经济能力、消费习惯等方面的具体分析内容，在此就不做讲解了，下面以老年人群体的“心理特征分析”为例，进行讲解说明。

① 分析步骤

a. 对分析的内容（老年人心理特征分析）进行已有的资料查找与整理。

b. 回忆生活中经历过的，关于老年人心理特征的所见所闻，对其进行整理分析。

c. 通过市场调查、实地观察、问卷等方式，整理分析老年人的心理特征。

d. 整理分析结论。

② 具体分析结论

根据调查整理发现，一般老年人的心理特征主要表现在以下几方面。

a. 产生衰老感。日常生活中，经常听见一些老年人发这样的感慨："我已经老了，不中用了啊！"这是老年人主观上产生的衰老感，即自己意识到自己老了。老年人产生衰老感的原因主要有：首先是身心状态的变化，感知能力下降。例如，头发由青丝变成花白，健步如飞变成步履蹒跚，精神饱满变成气力衰弱等。其次是生活、工作及社会环境的改变。例如，退休赋闲，与子女分居，亲人朋友的离世等。还有就是周围的人把自己当作老人看待，衰老感便在他人的"老同志""老师傅""老先生"的称呼中产生。衰老感的产生是一个人精神衰老，失去了生活的动力和积极性的开始。因为衰老感无形中致使人的意志衰退，情绪消沉，甚至使老人生理衰老、心理功能降低，或是出现新的疾病。

b. 孤独寂寞。造成老年人孤独的最普遍原因是：退休在家，离开了工作岗位，无事可做，孤寂凄凉之情油然而生；儿女分开居住，寡朋少友，缺少社交活动；丧偶或离婚，老来孑然一身。老年人最怕孤独，因为孤独使老人处于孤立无援的境地，很容易产生一种"被遗弃感"，继而使老人对自身存在的价值表示怀疑、抑郁、绝望。生活中有很多年纪很大的老人还独自生活，自己照顾自己。

c. 空虚无聊。这种问题多见于退休不久或对退休缺乏足够思想准备的老人。他们从长期紧张、有序的工作与生活状态突然转入到松散、无规律的生活状态，一时很难适应，经常感到时间过得很慢。伴随空虚感而产生的问题往往是情绪的低沉或烦躁不安，这种心境如果长期持续下去，会对老年人的身心健康造成很大的威胁。生活中经常会见到老人一个人在街边坐在椅子上的情景，这值得我们反思。

d. 情绪多变。老年期是人生旅途的最后一个阶段，也是人生的“丧失期”，例如丧失工作、丧失权力和地位、丧失金钱、丧失亲人、丧失健康等。由于大脑和机体的衰老，老人往往产生不同程度的性情改变，如说话啰唆、情绪易波动、主观固执等，少数老人则变得很难接受和适应新生事物，怀恋过去，甚至对现实抱有对立情绪。老年人的性情改变，常常加大了他们与后辈、与现实生活的距离，导致社会适应能力的下降。

e. 人老健忘。老年人健忘通常是老年人自然衰老的表现。老年人的健忘主要表现为近事记忆障碍，也叫近事遗忘。也就是说老年人遗忘的主要是近期发生的事情，新接触的事物或是学习的知识，特别是人名、地名、数字等没有特殊定义或是难以引起联想的东西都忘得特别快。但是，对于一些陈年旧事却往往记忆犹新，说起来绘声绘色，活灵活现。而对这些远事记忆的影响只有在发生大脑器质性疾病时才会发生，即出现远事遗忘。这是老年人健忘的一个规律。

f. 人老话多。人到了一定的岁数之后，就会变得喜欢唠叨，总爱怀旧，而且还更加“立场坚定”。老年人由于精力有限，对许多事情是心有余而力不足，于是他们只好借助语言来表达自己以引起他人的注意，求得心理的平衡，有时为了维护自己的尊严而不听他人之言；老人岁数大了，能做的事情少了，子女很少在身边，为了排除寂寞，也只能借助于唠叨；老年人总是喜欢谈论陈年旧事，也是为了得到心理上的慰藉，以填补现实生活的空虚；还有就是老年人虽然都说生老病死是人生的自然规律，但他们还是在不停地唠叨以向死神证明自己顽强的生命力；老年人的这种唠叨、言语混乱是其思维方式和思维过程混乱的表现。

g. 睡眠不调。老年人常见的睡眠不调的状况有睡眠少，睡眠浅，易惊醒，晚上不能入睡，白天没精神，或者是黑白颠倒，晚上不睡，白天嗜睡等，睡眠不调是老年人脑功能自然衰退的征兆。当然，老年人睡眠不调与老年人的心理健康有很大的关系。

h. 统觉发达，判断准确。大部分老年人都统觉发达，他们能够运用一生中积累的宝贵经验指导后来的实践，经过周密考虑，更深刻地认识当前事物，准确判断，避免失误，做到“运筹帷幄之中，决胜千里之外”。

i. 希望健康长寿。能够看到自己从事过的事业蓬勃发展，看到社会的进步与儿孙们的茁壮成长是老年人的共同心愿。因此他们都希望自己有一个健康的身体，一旦生了病则希望尽快痊愈，不留后遗症，不给后辈增加负担，尽可能延年益寿，能够看到自己愿望的实现。

③根据分析结论，结合设计课题内容，分析目标客户群潜在的需求点

例如针对“产生衰老感”这个结论，是否可以设想：将来的老年手机，在外观上趋于“潮人”设计；在开机动画上，设计成“嗨！你好年轻啊”之类的暗示语。

再如针对“希望健康长寿”这个结论，是否可以考虑，将来的老年手机在功能模块上增加健康讲座等相关的知识，增加检测老人身体状况的功能等。

通过对老年人心理特征的分析，发现老年人存在很多健康隐患。对于产品设计来说，很多“目标客户群特性的分析结论”都可能存在潜在的设计点。只有通过详细的分析，把好像与产品设计不搭边的内容进行分析总结，再融入到设计中，才能真正地设计出“以人为本”的产品来。

分析目标客户群的作用是便于下面的设计能针对人群的准确需求进行展开，并能符合人群的特点，才能使设计的产品“以人为本”，才能更容易让使用人群接受新开发的产品，缩短新产品的市场适应期。

（4）目标客户群对课题中所涉及产品的需求分析

想要分析人对产品的需求，首先要明白什么是需求。需求是从需和求两个角度看问题的，即需要和追求，追求就是期望，是对美好事物的向往。只有完成了人所需要的、要求的与期望的几方面内容整理与分析，才是完善的需求分析。

需求是维持一定生活水准所必需的，或者说需求是产品和服务达成人群梦寐以求的目的所必需的。根据马斯洛需求层次理论，人是有欲望的，总有需要满足的需求，需求是满足欲望的推动力。目前的需求一旦实现了，那这个需求就不再是推动力，就会转向下一个需求，人总是欲望不断，这也是人类进步与发展的原动力。例如，最早手机的出现是为了满足人“移动通信”的需求，但现在这种需求已经成了“无意识”的需求，上网速度、屏幕大小、电池续航能力、外观等才是现在购买手机时真正关注的。飞利浦柔性 OLED 屏概念手机如图 2-12 所示。

图 2-12　飞利浦柔性 OLED 屏概念手机

① 需求、需要、要求和期望的关系

需求和需要是有一定区别的，需求是从需和求两个角度看问题的，即需要和追求满足，强调需的实现。而需要只强调需，是需求的一部分。

要求是让他人做什么，但只是需求的一部分。人们经常不能完全意识到需要什么，直到遇到了才会发现。例如，拥有了手机后才发现，开车时实际上需要手机的免提功能。

期望是对事物的向往，也是需求的一部分。期望是基于时尚、风格、潮流或以往经验得到的东西，就像人们期望销售人员是彬彬有礼的，电子产品是安全可靠的，警察是诚实的，咖啡是热的等。

综上所述，需求包括期望、要求和需要，而期望和要求包含需要，它们都是需求的组成部分。需要是能确定的，期望和要求是不能完全确定的。需求、需要、期望和要求的关系如图 2-13 所示。

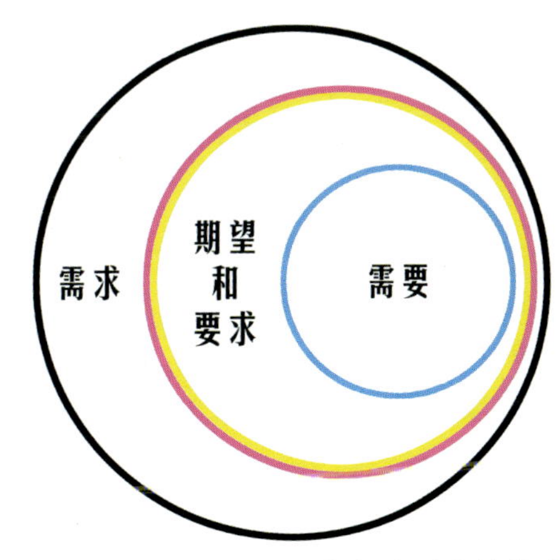

图 2-13　需求、需要、期望和要求的关系

② 产品需求分析的方法

产品需求分析的方法主要有如下两种。

a. 通过生活经验，主观分析整理目标客户群在使用该产品的整个过程中可能会遇到的问题与人们的期望和要求。

所谓整个过程，是指人在使用某个产品时完整的过程。尽量把涉及的问题都想到，并对每个过程中涉及的方式进行多方面的思考。例如用杯子喝水，这个动作的整个过程应该是：找杯子，拿起杯子，有的还需要洗杯子，往杯子里倒水（如果是热水还得把杯子放下，等水变温），喝水，放下杯子。对于“拿起杯子”这个过程，有很多方式实现，如单手拿，双手拿，托着杯子等，如图 2-14 所示。

图 2-14　拿杯子的方式

除此之外，再分析人与产品的接触部分的特点，这其中也有可能存在设计点。如“找杯子”这个过程，需要人用眼睛去看（特殊人群除外），这就需要了解人眼的特征，并对什么样的情况更容易发现事物，吸引人的注意力等方面进行思考分析。

b. 通过市场调查的方式，整理分析出目标客户群对产品的需求情况、在使用产品过程中遇到的问题及对该产品的希望点，发现存在的问题。

目标客户群对产品的需求很多不是直接地显现，需要根据对目标客户群的深入分析才能整理出比较全面的需求。

③ 人群对课题中所涉及产品的需求分析，从中发现本质问题外的其他问题，再转化成设计点

人对产品的需求，除了本质功能外，还有很多的辅助功能需求，本步所涉及的内容就是课题的辅助功能问题的发现与解决。通过人对产品的需求整理分析，发现其中存在的辅助功能问题，并整理发现的问题，转化成设计点。

例如老年人在使用手机拨打电话时，会存在按错号、按键不好按的问题，这就需要对手机的按键进行设计，解决相关存在的问题。但如果把问题转化成“按键设计”这个设计点，就无形中限制了设计思维，因为设计点研究的主要内容是“按键设计”。如果把问题转化成“拨打的方式”，很明显，按键的方式只是其中的一种，很容易就突破了“按键”对设计思维的局限。当然，设计点的转化也不易过大，比如把这个问题转化成“交流的方式”这个设计点就太大了，不利于设计的掌控。

④ 目标客户群分析及其对产品需求分析中应注意的问题

a. 目标客户群指产品的使用人群，也可以称为目标客层。

b. 如果设计课题已经限定了目标客户群，那么“初步确定目标客户群”这部分分析内容就可以省略，直接进行下面的设计环节。

c. 要从多方面整理与分析出目标客户群的特性，分析时不要只看表面现象，还要透过现象看本质，整理分析出深层次的人群特性。

d. 根据分析的结论，结合设计课题内容，分析出目标客户群可能存在的潜在需求。

e. 需要和期望只是需求的一部分，通过市场调查并不能完全调查出人群需要什么，还要结合调查的内容进行整理分析，才有可能分析出比较完善的人群需求。

f. 需求分析需要进行两大部分内容的分析，一是通过人群无针对性的希望点分析出人群对某产品的需求；二是人群通过使用某产品对此产品提出的问题点与希望点。

g. 分析内容要尽量全面，但要注意分析的结论都要往设计课题上靠拢，不要偏离设计方向。

h. 要把发现的问题整理转化成适当抽象概括的设计点。

3. 课题涉及的产品分析

（1）产品分析的目的和作用

对课题所涉及的产品进行分析是为了了解市场上产品的现状和不足之处，从中发现产品所存在的问题。通过对课题所涉及的产品进行分析有助于对产品的深入认知，有助于掌握产品革新的根源，从而设计出符合发展趋势的产品，满足人群需求。

（2）产品分析的内容

产品分析的内容包括：产品功能分析、产品结构分析、产品质量分析、产品价格分析、产品材质分析、产品加工工艺分析、产品外观造型分析、产品包装分析等几个方面。下面分别对其进行介绍。

① 产品功能分析

a. 产品的功能有哪些（现状陈述）。

b. 抽样产品中共同的功能有哪些。往往共同存在的功能代表着当前人群的共同需求，因此，此部分整理出的功能在设计中尽量做出保留。

c. 抽样产品中不同的功能有哪些。一般来说，存在的差异功能基本上是这个产品的创新点，也可以说是这个产品的卖点，是区别于其他同类产品的地方。此部分内容要做重点分析，掌握其设计目的。

d. 分析出每个抽样产品中功能存在的问题。

e. 整理出产品最适合消费者需求的功能是什么，产品的哪些功能还不能满足消费者的需求。

② 产品结构分析

a. 产品零件间的结构组成方式是什么。

b. 抽样产品中共同采用的结构有哪些。

c. 抽样产品中不同的结构有哪些。

d. 产品结构在使用中存在的问题。

③ 产品质量分析

a. 产品质量的现状，产品分为几个档次的质量。

b. 消费者对产品质量的满意程度如何。

c. 产品的质量有无继续提高的可能。

d. 人群对产品的质量有什么需求。

④ 产品价格分析

a. 产品价格的现状，产品分为几个档次的价格。

b. 产品价格与产品质量的匹配程度如何。

c. 消费者对产品价格的满意程度如何。

d. 人群对产品的价格有什么需求。

⑤ 产品材质分析

a. 抽样产品的普遍应用材质是什么。

b. 抽样产品在材质上的不同之处是什么。

c. 消费者对产品材质有什么需求。

⑥ 产品加工工艺分析

a. 产品通过什么样的加工工艺生产。

b. 在加工工艺上有无特别之处。

c. 消费者是否喜欢通过这种工艺生产的产品。

⑦ 产品外观造型分析

a. 产品的外观造型是否美观。产品的美观性要从产品的整体造型的美观性、部件与整体之间比例与尺度的合理性，以及产品色彩的协调性等方面进行分析。

b. 产品的外观是否与产品的质量、价格匹配。

c. 产品在外观上有没有不足之处。

d. 产品在货架上的同类产品中是否醒目。

e. 产品外观造型对消费者是否具有吸引力。

f. 消费者对产品外观的评价怎么样。

⑧ 产品包装分析

a. 产品的包装是否美观。

b. 产品的包装是否与产品的质量、价格匹配。

c. 产品在包装上有没有不足之处。

d. 产品包装对消费者是否具有吸引力。

e. 消费者对产品外观的评价怎么样。

（3）同类产品与类似产品

产品分析主要分为同类产品分析和类似产品分析两大类。同类产品是指和课题内容相同的产品，类似产品是指和课题内容相关的产品。

例如手机这个产品，同类产品就是各种手机，类似产品就是各种通信产品。在对这两大类的产品进行深入分析时，要与课题的设计内容与设计方向相结合。

例如“手机设计”这个课题的同类产品就是“手机”，类似产品就是所有能作为“通信”的产品。再如“老年手机设计”这个课题，同类产品就是“老年手机”，需要加个限定，类似产品就是所有的“手机”产品。“手机设计”这个课题很明显是没有通过“问题整理”这个步骤，所以分析的内容会比较广，没有明确的针对性，这样的课题不利于对设计的掌控，尤其对初学者容易造成设计思路上的混乱。

通过对同类产品的整理分析，研究产品的共性及差异，优势及不足，分析出产品的发展趋势及需要设计的内容；通过类似产品的分析，研究出类似产品是否有值得借鉴的元素，应用到自己的设计中。

同类产品分析需要对产品的功能、结构、质量、价格、材质、加工工艺、外观造型及包装等内容进行分析，分析出此类产品哪些是一直延续的元素，哪些是不断革新的元素，即此类产品的共性与个性分析，便于在设计中保留其共性，以增加大众对新产品的认知度，缩短产品适应市场的时间，也有利于对产品个性创新的认知，研究产品设计突破点及其处理手段。另外，还要研究产品产生和革新（具有阶段性转折的产品）的根源，从中能整理出此产品的发展趋势及得到设计上的突破。

以手机为例，通过手机发展史，分析产品产生变革的根本原因。

1973 年，Martin Cooper 发明了第一部手机（见图 2-15），前面已经介绍过其产生的根本原因是行业的竞争，并能满足人们对移动通信的需求。

1983 年，摩托罗拉 DynaTAC 8000X（见图 2-16）问世，它是世界上首部获得美国联邦通讯委员会（FCC）认可并正式投入商用的蜂窝式移动电话。这部手机在 1983 年首次将贝尔实验室 1947 年提出的移动电话概念和 20 世纪 70 年代提出的蜂窝组网技术概念变为了现实。这款手机奠定了摩托罗拉手机部门在移动通信业界 20 余年不可动摇的地位。电池能支持 1 小时，重约 1 公斤。

图 2-15　世界上第一部手机

图 2-16　DynaTAC 8000X

1984 年，诺基亚公司的前身 Mobira 公司生产了在当时被称为最先进的产品的 Mobira Talkman（见图 2-17），这款产品虽然体积较之前稍显巨大，但是却在通话时间上有显著提高，之前的 DynaTAC 只能进行 1 小时的通话，而 Mobira Talkman 却支持几个小时的通话时间。

1987 年，诺基亚推出了 Mobira Cityman 900（见图 2-18），这也是针对北欧移动电话（NMT）网络的首款手持式移动电话。电池可支持 14 小时，重约 800 克。

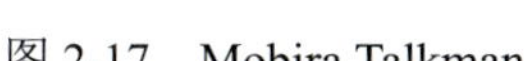

图 2-17　Mobira Talkman

图 2-18　Mobira Cityman 900

1989 年，摩托罗拉公司出品了世界上第一款翻盖手机 MicroTAC（见图 2-19），这款手机也是当时市场上最小、最轻的蜂窝电话。可以说 MicroTAC 是世界上第一款真正的口袋电话，重约 350 克。

1992 年，诺基亚 1011（见图 2-20）问世，它是全球首款商用 GSM 移动电话，为后来的直板手机设计铺平了道路。该移动电话配置单显屏幕以及一个可伸展的天线，电池可支持 12 小时待机，可存储 99 条电话号码，重约 470 克。

图 2-19　Micro TAC

图 2-20　诺基亚 1011

1992 年，摩托罗拉公司的新产品摩托罗拉 3200（见图 2-21）上市。随后，这款手机进入中国市场，以绝对的优势垄断了中国的手机市场，并造就了“大哥大”这个词。摩托罗拉 3200 具有一块可双行显示的单色屏幕，支持英文短信、英文电话簿、DTMF 音频发送和缩位拨号。

1993 年，又一部里程碑式的手机问世，这就是由 IBM 与 BellSouth 合作制造的 IBM Simon（见图 2-22），也是世界上公认的第一部智能手机。这款手机集手提电话、个人数码助理、传呼机、传真机、日历、行程表、世界时钟、计算器、记事本、电子邮件、游戏等功能于一身。其最大的特点就是，没有物理按键，输入完全靠触摸屏操作。还可以使用全键盘进行输入，并配有 PCMCIA 记忆卡插槽和一个专用的输入 / 输出插槽。电池能支持 1 小时，重约 900 克。这是智能电话的首次尝试。

图 2-21　摩托罗拉 3200

图 2-22　IBM Simon

1994 年，一款被人们称为 car phone 的手机——摩托罗拉 Bag Phone（2900）问世（见图 2-23）。这款手机由一个手提箱和一个有绳电话组成，手提箱中包括了信号收发器和电池。使用者可以提着箱子来打电话，但是由于不方便，所以多被用来作为车载电话使用。由于拥有较为大型的信号收发器和电池，这款机器可以提供更优越的信号范围以及更久的通话时间。

1996 年，摩托罗拉公司出品了 StarTAC（见图 2-24），在当时这是一款具有革命意义的翻盖手机。而且它将天线置入手机中，打电话的时候才拔出天线，更加便于携带，手机重约 112 克。

图 2-23　摩托罗拉 Bag Phone（2900）

图 2-24　StarTAC

1997 年，NOKIA 9000（见图 2-25）正式走上舞台，它确立了通信器系列必须是以集手机、电脑为一体的全能个人通信设备。通过这个小小的个人通信器，可拨号上网，接发传真、电子邮件，访问互联网。这款手机使用 LCD 屏幕以及 QWERTY 键盘，这在当时还是首例。它属于最早期的智能手机，拥有 8MB 存储空间。

1998 年，首批可置换外壳的手机诞生。NOKIA 5110（见图 2-26）正是其中的一员，它是首批采用弹簧彩色扣盖的手机之一，也是首批安装非常流行的贪吃蛇游戏的手机之一，重约 170 克，而且有多种颜色的外壳可选。

图 2-25　NOKIA 9000

图 2-26　NOKIA 5110

1998 年，诺基亚公司再接再厉，出品了 NOKIA 8810（见图 2-27），这是世界上第一款没有外部天线的手机，拥有流线型的机身、银色镀铬外壳以及新颖的下滑式键盘盖。这款手机在当时风靡全球，受到很多明星和名流的欢迎，成为当时时尚的代言词。更难能可贵的是，这款手机的待机时间长达 133 小时，而重量只有 118 克。

1999 年，诺基亚公司推出了一款大众机器——NOKIA 3210（见图 2-28），一款名副其实的街机，据说在当时卖出了一亿六千万部。也正是凭借这款机器，诺基亚奠定了在直板手机中的王者地位。NOKIA 3210 对手机业界有着重大影响，它开创了直板内置天线的手机时代，在当时彻底颠覆了消费者对于直板手机的看法，而且它的外形设计也对诺基亚之后出现的机型具有重大影响。

1999 年，诺基亚公司还推出了一款影响世界的产品，这就是 NOKIA 7110（见图 2-29），它的出现标志着手机上网时代的开始。只要你开通了移动数据业务功能，通过手机 WAP 功能，即可使用 WAP 业务，NOKIA 7110 首次把手机和互联网连接在一起。也正是这款手机告诉人们，手机一样可以上网。

图 2-27　NOKIA 8810

图 2-28　NOKIA 3210

图 2-29　可以上网的手机

在诺基亚这个芬兰巨人崛起的时候，同在芬兰的另一家公司 GeoSentric 推出了一款具有革命性的产品——Benefon Esc，世界上第一台 GSM+GPS 手机（见图 2-30）。这款手机是专为野外工作人员设计的，它防水、抗震，还带一个不锈钢加强外壳。它有一个大屏幕，用来显示地图和导航信息，可以是图形，也可以是数字式的显示。它还带一个紧急按钮，一旦有意外可以迅速发出带用户方位的 SOS 求救信号。此外，它还有一个独特的“找人”功能，假如你的朋友也有这款手机，那么你可以在自己的 Benefon Esc 地图上定位他的方位，甚至可以找到你的朋友。

1999 年是手机技术大爆发的一年，日本 Kyocera（京瓷）公司出品了视觉电话 VP-

201，这是世界上第一台拥有摄像头的手机，如图 2-31 所示。遗憾的是，这款手机主要用来录像，没有被真正地推广开来。

2000 年 9 月底，夏普联合当时的日本移动运营商 j-phone 发布了一款内置 11 万像素 ccd 摄像头的 j-sh04（见图 2-32），该机型于当年 10 月下旬发售，其具备 96×130 像素的 256 色液晶屏和 16 和弦铃声，采用的是那时候日系手机普遍的细长条状直板机身设计。不过作为世界上第一款照相手机的 j-sh04，在当时并没有引起多大的轰动效应，或许和那时候人们的使用观念有一定的关系，谁也不曾想到数年后的今天手机拍摄已非常普及。

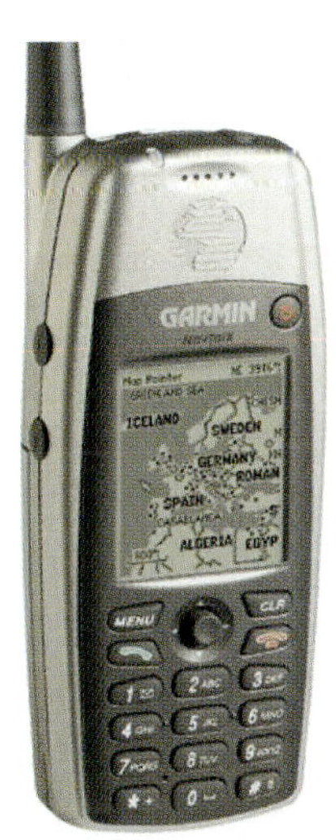

图 2-30 GSM+GPS 手机

图 2-31 有摄像头的手机

图 2-32 世界上第一款照相手机

2000 年，爱立信（Ericsson）推出旗下第一款使用 ER5u 系统的手机——Ericsson R380（见图 2-33），这款手机不属于开放式系统，所以无法安装应用程式。这是首款使用塞班内核的智能手机，重约 163 克。

图 2-33　首款塞班内核智能手机

2002 年也是手机大爆发的一年，很多公司都在这一年推出了自己里程碑式的产品。RIM 公司推出了第一款 BlackBerry（黑莓）手机 5810，如图 2-34 所示。之前，RIM 就已经推出了可以处理电子邮件和具有日程安排功能的产品，只不过没有电话功能。5810 只是简单地在 RIM 当时现有的产品上添加了移动电话功能，不过，它没有扬声器和麦克风，需要用耳机来使用。

2003 年，诺基亚推出了 N-Gage 游戏手机（见图 2-35），最初的目标是与知名的任天堂 Game Boy 竞争，但是 N-Gage 因控制功能差，外观设计怪异而受到冷落。不过，N-Gage 可以作为电话使用，其麦克风和话筒位于电话的侧面。

图 2-34　具有处理邮件功能的手机

图 2-35　游戏手机

2004 年，摩托罗拉公司出品的 Motorola RAZR V3（见图 2-36）风靡全球，推出超薄概念。V3 采用了超薄折叠造型设计，机身厚度仅为 13.9 毫米。航空级铝合金外壳不仅可以很好地保护内部元器件，而且带来不错的手感。V3 采用内外双屏设计，翻盖之后就可以看到经典的激光精雕键盘，为整体增加了美感。正是 V3 掀起了超薄手机的潮流，Motorola RAZR 外形就此成为摩托罗拉着重研发的手机类型。直至 2006 年，这款手机共卖出五千万台。时至今日，在谈及超薄手机时，不少人都会提到 V3，原因只有一个：经典！

2005 年，摩托罗拉公司又推出了经典音乐手机 Motorola RAZR E1（见图 2-37），也许你会认为 iTunes 是 iPhone 的专属，但其实，E1 才是第一款采用 iTunes 软件的音乐手机，通过固件升级，E1 可以使 iTunes 支持多达 2000 首以上的歌曲，音乐播放时间可达 15 小时。除此之外，E1 还采用 YAMAHA 音频机芯的 24 和弦的铃声配置，16 毫米超大双扬声器，3D 立体声环绕音效设计，重低音效果优越。

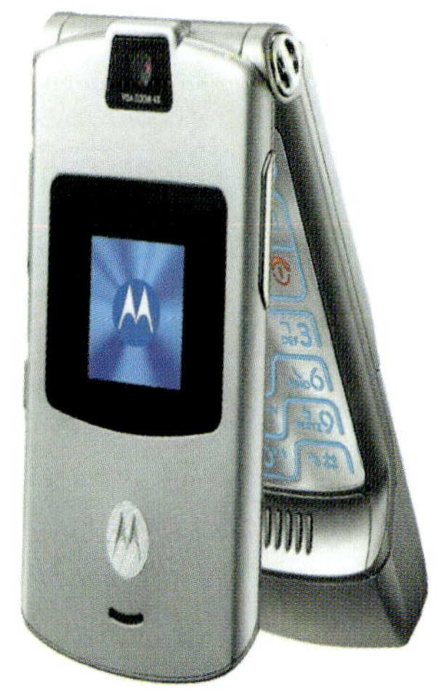

图 2-36　超薄手机 V3

图 2-37　音乐手机

2007 年 1 月 9 日，苹果公司（Apple, Inc.）首席执行官史蒂夫・乔布斯在 Macworld 上宣布推出 iPhone（见图 2-38），一个时代宣告开始。2007 年 6 月 29 日，iPhone 在美国上市，将创新的移动电话、可触摸宽屏 iPod 以及具有桌面级电子邮件、网页浏览、搜索和地图功能的突破性因特网通信设备这三种产品完美地融为一体。iPhone 引入了基于大型多触点显示屏和领先性新软件的全新用户界面，让用户用手指即可控制 iPhone。iPhone 还开创了移动设备软件尖端功能的新纪元，重新定义了移动电话的功能。

图 2-38 iPhone

iPhone 是一部 4 频段的 GSM 制式手机，支持 EDGE 和 802.11b/g 无线上网（iPhone3G/3Gs/4 支持 WCDMA 上网，iPhone 4 支持 802.11n），支持电邮、移动通话、短信、网络浏览以及其他的无线通信服务。iPhone 没有键盘，而是创新地引入了多点触摸（Multi-touch）触摸屏界面，在操作性上与其他品牌的手机相比占有领先地位。

此后，苹果公司每款 iPhone 都受到了消费者的欢迎，iPhone 不单是手机，更成为时尚的风向标。iPhone 无疑是非常伟大的跨时代产品，甚至有人打出“无所不能的 iPhone”这样的口号。至今，仍没有一款手机可以在用户体验上超越 iPhone。

2008 年，Google 公司推出了 Android 系统（见图 2-39）。Android 一词的本义指机器人，同时也是 Google 基于 Linux 平台的开源手机操作系统的名称，该平台由操作系统、中间件、用户界面和应用软件组成，号称是首个为移动终端打造的真正开放和完整的移动软件。2008 年 9 月 22 日，美国运营商德国 T-Mobile 在纽约正式发布第一款 Android 手机——T-Mobile G1（HTC Dream）。该款手机为台湾宏达电（HTC）代工制造，是世界上第一部使用 Android 操作系统的手机，支持 WCDMA/HSPA 网络，理论下载速率为 7.2Mbps，并支持 WiFi。

图 2-39　Android 系统

HTC Dream G1（见图 2-40）是第一款采用谷歌开发的 Android 智能操作系统的手机，其采用了创新的侧滑盖的 QWERTY 键盘，有效提高文字输入速度，而全新的 Android 平台也已经为大众所接受。

2010 年，HTC 公司推出了 HTC Supersonic——一款由运营商 Sprint 定制的 Android 终端产品，在 CTIA2010 大会上正式更名为 HTC EVO 4G。作为全球首款 4G 智能手机，HTC EVO 4G 不仅拥有 4.3 英寸超大 WVGA 分辨率触控屏，而且使用了 AMOLED 屏幕材质，实现了显示效果与能耗之间的平衡，如图 2-41 所示。

图 2-40　HTC Dream G1

图 2-41　全球首款 4G 智能手机

HTC EVO 4G 主要提供了对 CDMA 2000 EV-DO/802.16e（WiMAX）网络及 WLAN（802.11b/g）无线局域网的全面支持，尤其是号称 4G 网络的 802.16e（WiMAX）在网络

速度上更是可以达到当时3G网络的10倍，从而能够保障在线看视频、传输医疗图像以及电子邮件发送培训手册等尤其需要宽带服务的应用。

通过上述内容可以分析出，手机产生变革的原因大部分都是对新技术、新功能与新理念的应用，以提高行业竞争力与满足人群不断期望的需求。

如果是有产品原型的设计（就是针对现有产品进行改良设计的），除了分析上述内容，还要分析产品的使用过程，针对产品每步的使用过程进行详细的分析，发现使用过程中遇到的问题，便于针对性的改良设计。

（4）课题涉及的产品分析中应注意的问题

① 产品的收集要从多方面进行，可以采用网络收集，实地拍照收集等手段。

② 本节所涉及的产品抽样不是随机抽取的，要选择具有阶段性转折的产品，再从中选择具有代表性的产品。

③ 产品分析的内容要灵活掌握，紧紧围绕设计课题，分析出对设计课题有帮助的结论。

④ 对同类产品与类似产品进行深入分析时，要与课题的设计内容及设计方向相结合。

4. 课题涉及的环境分析

（1）环境分析的目的与作用

对课题所涉及的环境进行分析是为了掌握产品所使用环境的特性，发现人群在不同环境下使用产品时会产生什么问题，发现产品所处的环境对产品会产生什么问题，最终得到产品存在的设计点与人群潜在的需求。对环境的分析，有助于对环境特性的深入了解，进而从中发现设计问题，也有助于突破固有思维的局限，做出设计突破。

（2）环境分析的内容

环境分析的内容包括环境现状的陈述，环境特性的分析，分析结论的整理，从分析结论中发现可设计的问题。

① 环境现状的陈述。对课题所涉及的环境的现状进行详细的陈述，一定要与设计内容紧密结合。也就是说，针对环境现状的陈述内容要和课题内容相关，不相关的内容就没必要整理。

② 环境特性的分析与分析结论的整理。通过对环境现状的陈述内容进行整理分析，结合课题内容得到课题所涉及环境的特性。对得到的环境特性进行整理分析，得到与课题内容相关的分析结论。

③ 从分析结论中发现可设计的问题。针对分析的结论进行分析，发现产品存在的设计点与人群潜在的需求，用文字的形式整理并存储。

如“雨伞设计”这个课题，雨伞通常情况下是在下雨或下雪的天气情况下为了遮挡雨雪使用，也有很多人在暴晒天气情况下为了遮挡阳光使用。也就是说，雨天、雪天、暴晒天气是雨伞的常用使用环境，因此要对这几种天气状况进行详细的分析，发现其特性，再应用到设计中。

【强调】对环境的分析要紧密结合设计内容进行，也就是说分析的内容要对设计课题有帮助，不要把分析内容拓展得太大。

下面以“雨天”这种天气状况为例进行分析。

首先，要了解什么是雨，雨的种类有哪些。雨是一种自然现象，是从云中降落的水滴。雨的成因多种多样，它的表现形态也各具特色，有毛毛细雨，有连绵不断的阴雨，有雷电交加的雷雨，还有倾盆而下的暴雨等。

其次，结合课题内容与雨的特性分析，整理出分析结论，从中发现可设计的问题。不同种类的雨有其独有的“个性”。

毛毛细雨，特点是雨量很小而且每个雨滴轻柔，只要不是长时间地待在这种环境中，不会使衣物变得很湿。分析结论，毛毛细雨可以不需要雨伞。设计问题，能遮挡头部的便于出行的雨伞。

连绵不断的阴雨，其特性就是连绵不断，时间长的才可能会连下很多天。雨量等级最少也是小雨，甚至会有大到暴雨的情况。分析结论，需要雨伞，而且要长期地随身携带

（需求）。设计问题，便于随身携带的雨伞。

雷电交加的雷雨，其特性是雨中伴有雷电、大风。雨量等级最少是中到大雨，暴雨也会夹杂其中，甚至会有特大暴雨出现的情况。分析结论，需要带雨伞，而且即使带雨伞出行，也很难避免被雨淋湿的情况，毕竟常见的雨伞遮挡的面积有限（潜在的需求是能遮风挡雨的雨伞，避免被淋湿）。设计问题，能在大风天气里挡雨的雨伞，能遮风挡雨的雨伞，防雷的雨伞，在雷雨中观景的雨伞。

倾盆而下的暴雨，其特性是雨量非常大，有时也会伴有大风。分析结论，需要带雨伞，但雨伞能起到的作用就非常小了。设计问题，防止淋湿的雨伞，暴雨中畅行的雨伞。

雨水是人类生活中最重要的淡水资源，植物也要靠雨露的滋润而茁壮成长。但暴雨造成的洪水也会给人类带来巨大的灾难。随着人类工业化发展，工业废气大量排放到大气中，形成酸雨，对生态环境造成重大不利影响，导致建筑腐蚀。

【注意】这部分内容，在“雨伞设计”这个课题中可以不进行分析。但如果没有课题的限制，根据上述内容可以分析出“为建筑物设计的雨具”等设计方向。

最后，整理设计问题，把得到的设计问题进行整理，用文字的形式做记录，为下面的设计做准备。

（3）环境分析的方法

① 通过对**人在使用产品时**的环境分析，发现产品存在的设计点与人群潜在的需求。

人在使用产品时的环境分析，要分析不同环境下使用产品时，可能存在的问题与潜在的需求。当然，环境是否对人使用产品有影响，需要根据情况而定。有的产品不需要对产品的使用环境进行分析，因为即使改变使用环境，对产品的使用也不会产生什么问题；有的产品在不同环境下使用，会有不同的问题产生；有的产品则需要在特定的环境下使用，这样的产品就一定要对使用环境进行分析。

例如手机，如果是在阳光高照的室外使用，会产生“看不清屏幕内容”的问题，但如果是阴天或在室内等情况下使用，则不存在这个问题。如果在光线很暗的情况下使用手机，则会产品“刺眼”的问题。在嘈杂的环境下使用手机，会产生“听不清”的问题。在家人睡觉时接电话，会产生“影响别人休息”的问题。因此可以看出，在不同的环境下使用同一个产品，可能会产生不同的问题。有针对性地对产品使用环境进行分析，从中发现存在的问题，能切实解决人在使用产品时遇到的问题，满足人群的需求。

再如饮料这种产品，正常情况下，在使用时基本不用对其所在的环境进行分析。诸如此类“全天候”的产品还有很多，如餐具、笔、电热水壶等产品。

但需要注意的是，这类产品不是说一定不用对其使用环境进行分析，反而有的时候，针对这样的产品所使用的环境进行分析可能起到意想不到的效果。

还是以饮料为例，如果给它设定一个特定的使用环境——在雨天户外喝饮料，对其进行分析，会发现这种情况下想完成喝饮料这个动作会比较麻烦，因为一只手已被伞占用，明显是手不够用。这时可以考虑把饮料瓶设计成单手能完成操作，解决手不够用的问题，还可以考虑给饮料瓶设计个挂钩之类的部件，固定在伞上，解决单手无法操作的问题。

有的产品需要特定的环境才会使用，如雨伞、扇子、加湿器等产品，在使用时一定要对其特定的使用环境进行分析。但这也不意味着其他的环境就不需要考虑，反而如果对特定环境之外的环境进行分析，也许能发现更好的创意点。例如雨伞，特定的环境就是雨雪天气，但如果在晴天使用，为了防晒就产生了“遮阳伞”这类产品；那如果在大风天使用，为了防风沙，是不是可以设计个“防风沙伞”呢？当然可以，这是相当不错的设计方向。

② 通过**产品所处环境对产品限定**的分析，发现产品存在的设计点与人群潜在的需求。

首先，通过调查，了解产品所处环境的现状；其次，通过对现状的分析，分析出产生这种环境限定的根本原因；最后，寻找解决问题的办法。

很多产品都有其放置的特定环境，这就造成了环境对产品的限定问题。如果存在这类问题，在做产品设计时是一定要考虑的。例如，超市里的冰柜一般都放置在靠墙或靠柱子的位置，路灯一般都放置在路边。以超市里的冰柜为例，来分析“靠墙或靠柱子”这个环境对冰柜的限定问题。经过分析发现，一般冰柜比较高，容易遮挡视线，不适合放置在中心地带，适合靠边；而且冰柜都需要在电源附近使用，而大部分的电源插座都是靠墙或靠柱子，所以冰柜也得靠边。由于冰柜“靠边了”，还可以发现消费者在使用上不方便的问题，因为一般的消费习惯是先买其他的东西，饮料等饮品都是放在最后来买。因此为了满足消费者的需求，可以考虑降低冰柜的高度，而且自身携带电源，以便把其放在消费者方便拿取的位置。

（4）课题涉及的环境分析中应注意的问题

① 对环境现状的陈述，陈述内容要和课题内容相关，不相关的内容就没必要对其整理。

② 对环境的分析要紧密结合设计内容进行，也就是说分析的内容要对设计课题有帮助，不要把分析内容拓展得太大。

③ 是否对人在使用产品时的环境进行分析，需要根据课题内容而定。

④ 人在使用产品时的环境分析与产品所处的环境分析不要混为一谈。

⑤ 要明白课题所涉及的环境分析，最终的目的也是为了发现产品存在的设计点与人群潜在的需求。

5. 主观确定设计方向、设计定位与设计重点

针对上面分析的结论与设计点进行整理，主观确定设计方向、设计定位与设计重点。这是“课题分析”内容的最终目的。

设计方向是通过对分析结论与设计点内容的整理**逐步完善**的，要具有**值得深入设计研究**的意义，对下面的设计**有明确的引导**作用。要用文字的形式，描述出课题的设计方向。例如“便携雨伞设计”这个课题的设计方向就应是方便携带的雨伞，“方便携带”对下面设计的进行有明确的引导作用。

对设计点进行整理，结合设计课题，得到符合设计方向的设计重点。设计重点是比较主要的设计点，是通过对设计点**抽象概括**后得到的。设计重点也需要用文字描述的形式整理出来。

需要注意的是，通过发现的问题转化成设计点时，转化的设计点一定要体现这个问题最根本的出发点。设计点中所包含的问题点也要具有唯一性，也就是说每个设计点都是针

对一个设计问题而提出的。

通过上述分析的结论与设计点内容的整理，整理出能确定的内容并对其进行设计定位。

需要注意的是，能确定下来的设计内容才能对其进行设计定位的整理，暂时不能确定的就不要强行对其定位。设计定位的正确与否直接关系到项目的最终成败。要采用图文结合的形式，描述出课题的设计定位。

2.2.4 课题分析的客观评价标准

（1）课题分析中所发现的问题，是否对课题设计内容有帮助。

（2）课题分析中所整理的结论，是否对课题设计内容有帮助。

（3）设计课题，是否可行（是否具有普遍性和根本性，是否能自己解决，是否能切实解决中国社会性的问题）。

（4）设计方向，是否值得深入研究设计，是否对下面的设计有明确的引导作用。

（5）设计定位，是否能确定，是否合理，是否符合设计课题与设计方向。

（6）设计重点、提出的设计点，是否能体现最根本的问题来源，是否对发现的问题进行抽象概括（能扩大思考范围，帮助突破固有思维的局限），是否合理；主要的设计点是否列出。

2.2.5 课题分析的注意事项

（1）课题分析前一定要进行问题整理。

（2）要清楚问题整理与课题分析的区别，问题整理的目的是要得到值得深入设计研究价值的设计课题和大概的设计方向。而课题分析是对问题整理中得到的设计课题进行全面、深入的分析，最终的目的是要主观确定设计方向、设计定位与设计重点。

（3）课题分析过程中，查找的资料要真实准确。资料的内容，要学会取舍，对自己设计有用的就认真分析，没用的就要舍弃。

（4）课题分析过程中每一步内容的进行，最终都是为了完成设计准备的。也就是说，无论是查资料还是各类的分析，都要往设计课题的内容上靠拢，不要偏离这个方向。对同一个资料的分析，得到的结论因考虑的方向不同可能会有所不同，因此在分析时要时刻注意，自己的最终目的是为了完成设计课题。同时要注意的是，得到的分析结论要对下面的设计深入有帮助。

（5）课题分析过程中的本质功能问题分析，一定要分析出课题所涉及产品的最根源的本质功能问题，不要受其他的设计限定影响。

（6）针对发现的问题转化成设计点时，尽量对设计点进行适当的放大概括。便于突破固有思维的局限，扩大思考范围，做出更好的设计。“手机辐射的问题”可改成“防止辐射的方式”，前者是针对“辐射”进行展开分析，后者是对“如何防止”进行展开分析。

（7）设计点的转化虽然需要一定的放大概括，但也要注意不要放得太大，能适当地抽象概括，有助于突破固有思维的局限即可。例如，“开门的方式”这个设计点如果改成“打开的方式”这个设计点，前者是针对各种“门”的打开方式，已经能够突破固有思维的局限，而后者涉及的面就太广了，不利于对设计的掌控。

（8）通过发现的问题转化成设计点时，转化的设计点一定要体现这个问题最根本的出发点。设计点中所包含的问题点也要具有唯一性。

（9）对于一个产品来说，可设计的点很多，所以一般只把设计重点列出来，并对其进行深入分析设计。

（10）做设计定位分析时，能确定的内容才能对其进行设计定位，不能确定的不能进行定位。

（11）设计点与设计方向的区别：设计方向的内容是设计点的一部分，只不过设计方向涉及的设计点是整个设计的核心，也是核心的创意点、重中之重，一定要深入研究；而设计点，是产品本身所涉及的所有需要设计的内容。

（12）关于“新技术应用”的问题或者借鉴其他产品的功能与结构的问题，主要采用“拿来主义”，只要自己的设计内容需要，就可以拿来使用。可以根据自己设计的情况适当改变，也可以把多个有用的点进行融合设计借鉴，甚至不改，直接应用，但一定要注意外观造型绝对不能采用“拿来主义”。

（13）分析的结论，要透过表面现象发现问题的本质，再对其进行结论整理。千万不要草率地下结论。

2.2.6 本节需完成的任务

掌握课题分析的内容与方法，学会运用突破固有思维局限的手段。

2.3 市场调查过程中应注意的问题

2.3.1 什么是市场调查

简单地说，市场调查就是通过实地考察、感受、体验，客观地验证设计问题（通过课题分析所发现的问题，包括还没转化成设计方向与设计重点的问题）的准确性与可行性，并记录新发现的问题与潜在的需求。

【注意】这里说的市场调查其实也可以说是设计问题调查，与市场分析是完全不同的内容。

市场分析的主要目的是研究商品的潜在销售量，开拓潜在市场，安排好商品地区之间的合理分配，以及企业经营商品的地区市场占有率。通过市场分析，可以更好地认识市场的商品供应和需求的比例关系，采取正确的经营战略，满足市场需要，提高企业经营活动的经济效益。

市场调查的目的是为了客观地验证课题分析中所发现的问题的准确性与可行性，整理出完善的对设计有帮助的分析结论，最终完善设计方向、设计定位与设计重点。

通过对课题的分析，可以发现很多设计问题，虽然这些问题是通过真实资料的查找，甚至还有部分内容是通过市场调查得到的，但最终的分析结论毕竟主观属性较多，而且还存在模棱两可的问题，所以需要带着设计问题通过市场调查的方式，来确定其准确性与可行性，并使之完善，整理出比较完善的分析结论。

【**注意**】分析的结论要能体现设计方向与设计重点的内容。

2.3.2　产品设计中市场调查的方法

市场调查的方法可分为两大类，第一类按选择调查对象来划分，有全面普查法、重点调查法、随机抽样法、非随机抽样法等；第二类是按调查对象所采用的具体方法来划分，有访问法、观察法、实验法。

下面主要介绍对产品设计而言，比较实用的调查方式组合，如图 2-42 所示。

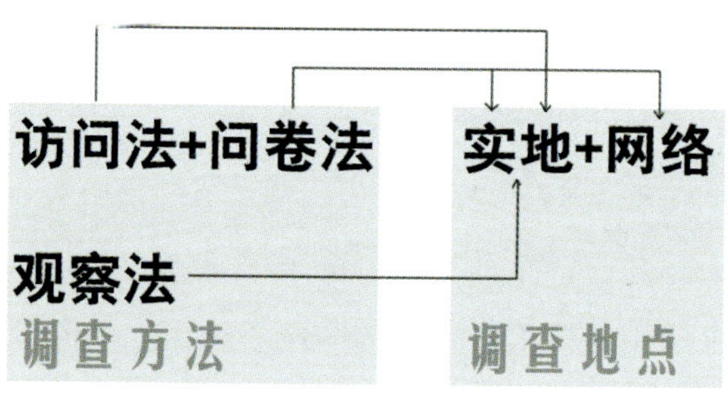

图 2-42　市场调查的方式

（1）利用访问法进行实地考察。想要对设计问题实施访问法，需要思考“去哪问”“问谁”“问些什么”等问题。需要强调的是，在思考设计问题怎么问时，要注意每个问题最好只含有一个问题点，而且要思考怎样问才能表达清楚，既能表达自己的初衷，又能容易让别人理解。最主要的是每个问题都要为设计课题内容服务。

例如：“您使用手机时会存电话号码吗？”“您会编写短信吗？”“您会用微信聊天吗？”

（2）利用问卷法进行实地考察和网络调查。想要对设计问题实施问卷法，同样需要思考“去哪问”“问谁”“问些什么”这几个问题。问卷法与访问法不同的是，问卷法属于选择题，访问法属于简答题。问卷法要列出细化的问题，并按照自己的设计思考给出相关的选项。

例如：您的年龄

☐ 15 岁以下　☐ 16—25 岁　☐ 26—35 岁　☐ 36—45 岁　☐ 46 岁以上

（3）利用观察法进行实地考察。想要对设计问题实施观察法，需要思考“去哪观察”“观察什么”“怎么观察”这几个问题。通过观察，发现人群在使用产品的过程中所存在的问题有哪些。

2.3.3　调查问题整理的相关问题

1. 设计调查问题整理的步骤

（1）根据整个设计研究的目的，明确列出调查表所需收集的信息是什么（就是整理课题分析中发现的问题及疑问）。

（2）按照所需收集的信息（发现的问题和疑问），写出一连串问题，并确定每个问题的类型。

（3）按照问题的类型（单选填充、多选填充、是非判断、多项选择题）来确定问题属于哪种调查方法（访问法、问卷法、观察法）的内容。

（4）整理完善各类调查方法的问题内容。

2. 设计调查问题应注意的事项

（1）问题要短。因为较长的问题容易被调查者混淆。

（2）调查表上每一个问题只能包含一项内容。

（3）问题中不要使用专门术语，如容积率、框架结构、剪力墙结构、筒中筒结构等。一般消费者是搞不清楚这些专门术语的。

（4）问题答案不宜过多，问题的含义不要模棱两可，一个问题只代表一件事。

（5）要注意提问的方式。有时直接提问并不见得是最好的，而采用间接方法反而会得到更好的答案。例如，房地产公司为了销售某一处商品房做了不少广告，调查员想了解广告效果时，与其直接询问被调查者的看法如何，还不如用迂回方式去了解他们有多少人知道该处的房产情况。

2.3.4 怎样展开市场调查

（1）整理要进行市场调查的设计问题，思考其适合的调查方式，并用文字的形式整理出来。

（2）带着问题进行市场调查，并做记录。记录的方式可以是文字的形式，也可以是录音、拍照等形式。

（3）整理市场调查的内容，分析出对设计有帮助的结论。分析结论要对明确设计方向与转化设计重点有帮助。

（4）通过分析结论完善设计方向、设计定位与设计重点。

2.3.5 市场调查的客观评价标准

（1）调查的分析结论是否能准确、客观地体现设计方向与设计重点的内容。

（2）转化的设计方向与设计重点是否合适（对突破固有思维的局限有帮助）。

（3）设计方向是否值得深入研究设计，是否对下面的设计有明确的引导作用。

（4）设计定位是否能确定，是否合理，是否符合设计课题与设计方向。

（5）设计重点、提出的设计点是否能体现最根本的问题来源，是否对发现的问题进行抽象概括（能扩大思考范围，帮助突破固有思维），是否合理；主要的设计点是否列出。

2.3.6 市场调查的注意事项

（1）产品市场调查是为了验证发现问题的准确性与客观性。

（2）应带着问题进行市场调查。所以市场调查前，应先对要调查的问题进行整理。

（3）调查后，要对调查内容进行客观的分析整理，整理出分析结论。分析的结论要能体现设计方向与设计重点的内容。

（4）调查问题的整理。每个问题只能包含一项内容，而且要思考怎样问才能表达清楚，既能表达自己的初衷，又能容易让别人理解。最主要的是每个问题都要为设计课题内容服务。

（5）调查问卷的设计。问题要短，调查表上每个问题只能包含一项内容，问题中不要使用专门术语，问题答案不宜过多，问题的含义不要模棱两可，一个问题只代表一件事，要注意提问的方式。

（6）在调查过程中要注意发现新的问题与潜在的需求。

（7）市场调查要具有客观性、普遍性。

【特别强调】市场调查之前的步骤包括市场调查都属于设计前期，这部分的内容都以分析为主（如有想法，可以出少量的设计方案），设计前期的内容如果分析得足够充分，后面的设计内容就会非常容易进行。

2.3.7 本节需完成的任务

学会市场调查完善分析结论。

第 3 章 产品设计中期的内容及应注意的问题

3.1 方案设计过程中应注意的问题

3.1.1 方案设计的内容

产品方案设计首先要对产品的功能与结构进行设计，然后再进行外观造型设计。不要一开始就针对外观进行各种变化设计，这样做会造成设计思维的枯竭，总感觉可设计的方案少，不利于突破固有思维的局限。产品的外观造型应取决于产品的功能与结构。产品的方案设计要针对设计重点进行展开设计。

（1）草案设计

快速表达自己的构思（只要自己能看得懂就可以），并辅以文字标注，避免遗忘。

草案设计阶段，主要是针对设计重点思考初步解决方案的设计。可以利用自己的经验与知识积累，也可以利用学习借鉴的方式思考解决问题的方案。但一定要快速表达出设计构思，抓住那一闪而过的灵感。一个设计问题尽量多地思考解决问题的办法，这样有助于突破固有思维的局限。

（2）草案整理及方案深入设计

在众多方案中选择好的、符合设计方向的那些方案，进行深入设计。

方案深入设计是针对整理后的草案，在功能与结构方面进行设计研究，得到更完善的解决方案。利用手绘准确地表达出设计方案，尤其要注意清楚地表现对结构的设计。

功能设计要考虑如何**巧妙地**解决设计重点中涉及的问题，结构设计要考虑使用舒适、安全，易于操作，便于加工、安装与维修，方便运输，模块化设计，节省成本等方面的问题。

（3）完整方案设计

主要是整合设计重点的解决方案，在满足结构与功能的前提下，进行整体外观造型方面的设计。产品外观造型设计包括产品形态设计和产品色彩设计两部分。

3.1.2 产品外观造型设计的基本原理

产品整体外观设计除了根据功能与结构考虑适合的外观造型之外，还应充分考虑产品外观造型的美观性与整体性，以便能体现产品的风格与价值。

1. 产品造型设计的美观性

美观性需要用线型的适度性与色彩设计的协调性来表现。美观性不只体现产品的美，还能体现产品的风格与价值。美不存在绝对的标准，但可以根据美学法则进行设计。美学法则有：对称与均衡法则、对比与调和法则、节奏与韵律法则、重点与呼应法则、渐变与过渡法则、稳定与轻巧法则、比例与尺度法则、统一与变化法则等。

（1）对称与均衡法则

对称是以一条线为中轴，形成左右、上下两侧均等。对称的特点是能突出中心，给人安定、平稳、庄重、严肃的感觉，但过于对称则容易显得呆板。如图 3-1 所示为一些对称的产品。

图 3-1　对称的产品

均衡是对称的延伸，是指两侧的形体不必完全等同，体量大体相当，有时也不必相当，可通过布局的调整使其达到视觉上的平衡。例如，水壶、茶壶的把手和壶嘴的设计并没有给人重心不稳的感觉，剪子也是这类产品，如图3-2所示。

图3-2 均衡的产品

均衡较对称有了变化，比较自由，也可以说是对称的变体。

（2）对比与调和法则

对比与调和是利用产品造型中各因素的差异性来获得各种艺术效果的表现形式。

① 对比是利用较大的反差，以突出产品造型的重点，从而获得强烈的视觉效果。例如燃气灶的设计，主体的黑色与两个开关和侧面的金属色形成强烈对比，开关的圆柱形体与整体的平面形成强烈对比，利用较大的反差，突出开关，便于操作，如图3-3所示。

② 对比其实也是对点、线、面的运用。例如手表设计，外围金属色形成的“细线”，蓝色的“粗线”，中间大面积的白色形成的“面”，表盘上的刻度形成的“点”，甚至白色面与其上的标志之间也形成了强烈的对比关系，如图3-4所示。

图 3-3　燃气灶设计

图 3-4　手表设计

③ 对比在产品设计中有很多方面的运用，如颜色对比、体量对比、线条对比、精细与粗糙对比、质感对比等。在做产品造型设计时，可以采用平面设计的方式，把产品的六面视图通过对点、线、面元素的对比运用，对产品零件之间的布局进行设计。这样做不但有利于快速地表现形体，还有助于对产品外观造型设计的掌控，毕竟画平面图要比画立体图简单得多，运用对比设计的产品如图 3-5 和图 3-6 所示。

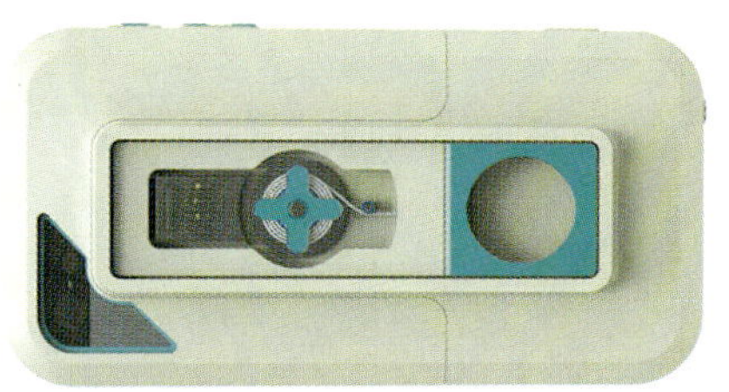

图 3-5　应急手机充电器

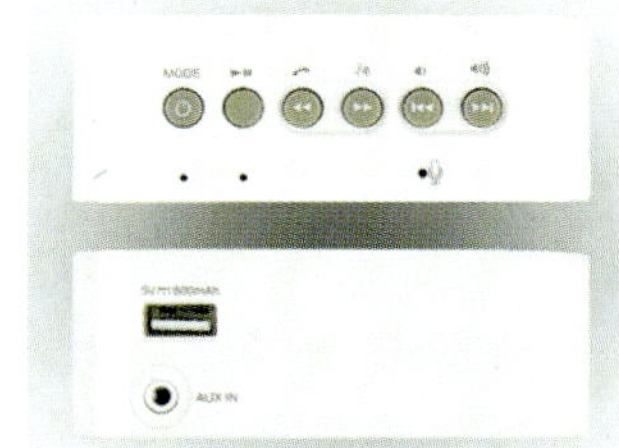

图 3-6　即插即用扬声器

④ 调和是产品各部分形态之间的差异较小，表现为产品形态间相互渗透的和谐艺术特征，如图 3-7 所示。

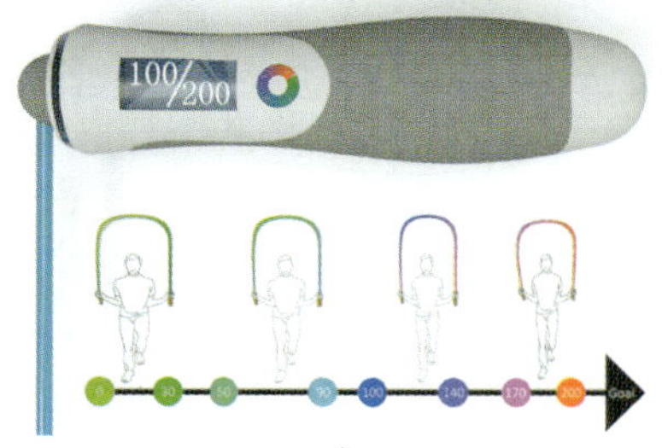

图 3-7　调和

（3）节奏与韵律法则

节奏是指事物运动过程中有秩序的连续或重复。或者说，节奏是由**相似或相同**的单元在一定范围内重复出现而产生的一种连续或流动的感觉。

产品形态中某个元素（或单元）的**重复或连续出现**便形成节奏，如图 3-8 所示。

图 3-8　节奏

在产品形态中，元素（或单元）重复次数较多，而且在重复过程中发生变化，节奏依然成立，而且更有韵味，形成了抑扬顿挫的韵律，如图 3-9 所示。

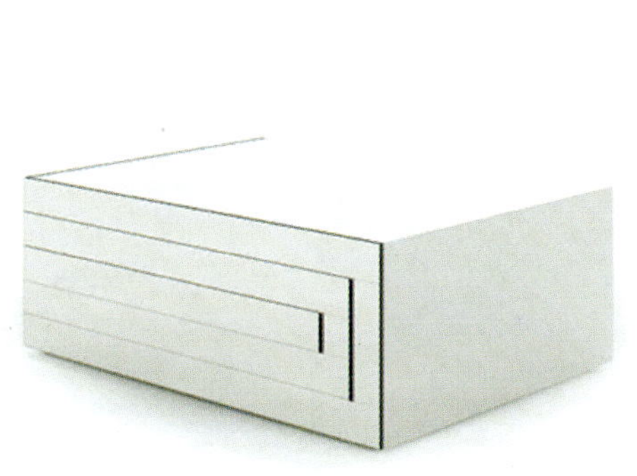

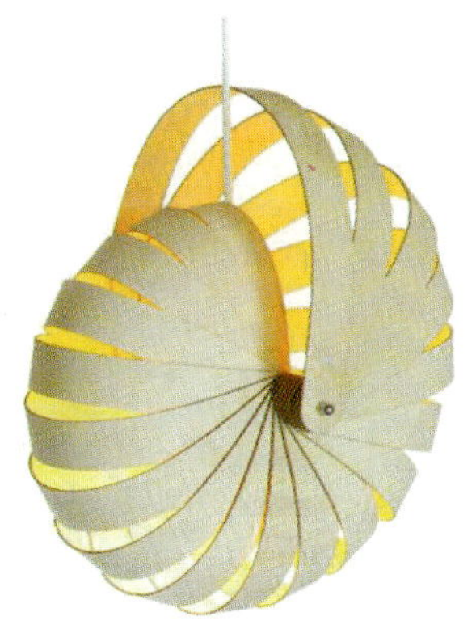

图 3-9　韵律

韵律是以节奏为基础，有情调、有变化的节奏，它比节奏更富有魅力。节奏是韵律的基础，韵律是节奏的丰富；节奏强调的是秩序，韵律突出的是生动。

一个好的造型应该是简约适宜的，应该去掉一些过分的装饰，保留最简单的、干练的线条，形成简约的几何形态。但简约需要适宜，不能过于简单。过于简单的形态会显得单调乏味，过于复杂的形态不容易被快速地理解，容易导致人的心理“劳累”，也无法产生美感。

那么，什么形态才是适宜的呢？答案是简洁，但又有一定的层次或细节。这样才是简约适宜，**“三段式”**便是其中的一种体现。

如果将“大”元素或“小”元素的其中之一（如“小”）重复一次，而另一个元素（“大”）不重复，整个节奏中就只有三个单元，形成一个“小大小”或“大小大”的非常简单的节奏，可以称这种节奏为三段式。

以上所说的是比较单纯的三段式，在实际应用中，有时在三个段中的一个或几个段中可以包含自己的若干子层次，这些子层次也可以是三段式。这样，这个大的三段式就是一个较复杂的三段式。较复杂的三段式使构成的层次更丰富，节奏感更强。

（4）重点与呼应法则

呼应，是在产品造型的对应部位（上下、前后、左右等），利用形、色、质的某些相同或相似的特点与预处理，以取得在线型、大小、色彩及质感等方面的一致性的艺术效果，所谓“遥相呼应”“相互照应”等即在此理，以使整体造型取得和谐、均衡、统一等效果。

而在这呼应中，其中之一是重点，另一为陪衬，如图 3-10 所示。

图 3-10　呼应与重点的产品

（5）渐变与过渡法则

渐变与过渡是处理同一产品各部分之间

不同形态关系的艺术手段。

渐变是过渡的一种主要方式，它的目的是使一件产品的不同形态之间产生协调一致的美感。

在处理产品形态不同部分的过渡时，可以采用点、线、面、色彩、质感等的渐变手段，使产品形态自然地过渡，形成既富有变化又互相关联的美学形态。相关产品设计如图 3-11 所示。

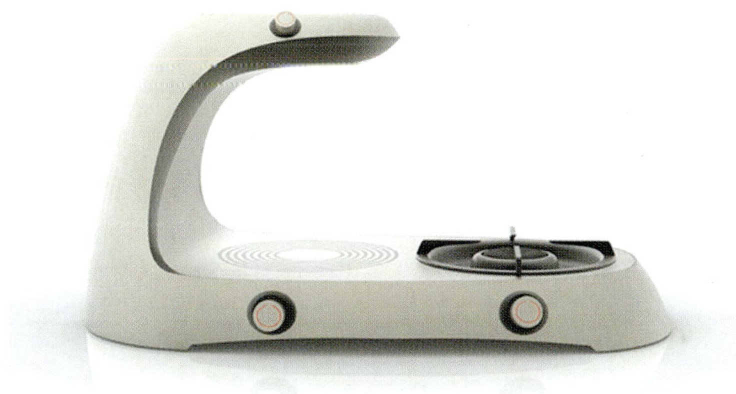

图 3-11 小型家庭烹饪设备

（6）稳定与轻巧法则

稳定是指产品在使用时的稳定性和视觉上的安全感，但过于稳定则会导致笨重。

轻巧则是指产品的体量小、质感轻，使用轻盈、灵活。

稳定与轻巧之间的关系，常常难以量化，往往要凭设计师的视觉感受。一般来说，体型小、质轻的产品，要着重处理稳定；体型大、质重的产品，要着重处理轻巧。设计者要权衡两者的得失，根据产品的功能、材料和使用对象等作出恰如其分的处理。运用稳定与轻巧法则设计的产品如图 3-12 所示。

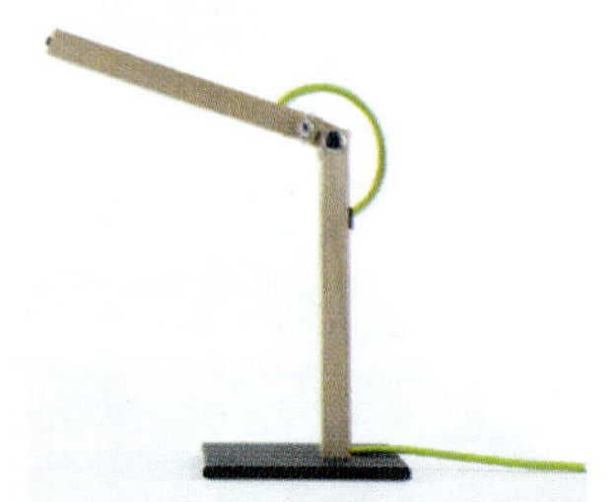

图 3-12　稳定与轻巧的产品

（7）比例与尺度法则

比例是体现各个事物之间，或整体与局部之间，或局部与局部之间，有一种合适的数量关系。

黄金比例是 0.618，也叫黄金分割律，作为一种重要的形式美法则成为审美的经典规律。好的比例会使人愉悦。当然，黄金分割律也不是万能的，当产品有某种功能限制时，如“门”这个产品，其功能是为了让人舒适地进出，必须满足人方便进出的需求，在这就没必要考虑黄金比，采用黄金比反倒让人感觉不协调。

尺度是指功能、结构等于人的器官和使用要求所形成的尺寸大小。

比例和尺度是一种用数学方式来表述产品造型美的艺术语言，任何一个好的设计都必须具备合理、协调的比例与尺度。

（8）统一与变化法则

形式美的最高法则就是“和谐一致”的美。

统一与变化是一对相互矛盾的有机体。统一是寻求内在联系，是追求形态的完整性、整体性。变化则刚好相反，是寻求差异性，追求形态的变化。

统一给人以和谐、有秩序的心理感受，因而产生愉悦感。变化给人以生机、活力、生动的心理感受。

运用统一与变化法则，既要追求产品形态的统一，又要有一定的变化，使其不过分的整体或完整。也就是在统一中求变化，在变化中求统一。光有变化没有统一，产品就会杂乱无章，光有统一没有变化，产品就会单调枯燥。例如 Leobardo Armenta 自动毛巾消毒圈设计如图 3-13 所示。

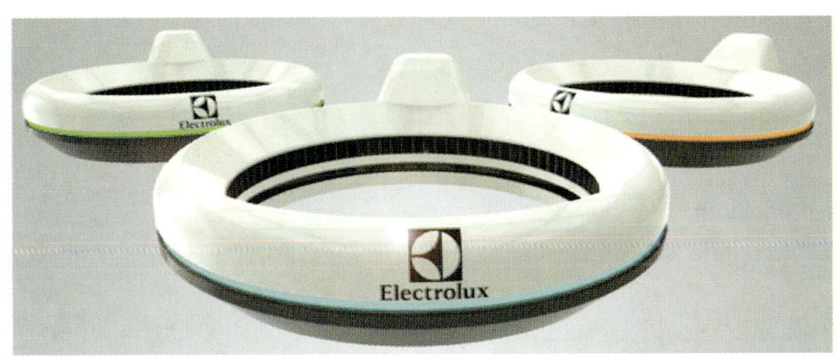

图 3-13 Leobardo Armenta 自动毛巾消毒圈设计

上述美学法则是人们在创造美的活动中逐渐总结出来的，因而具有一定的客观性。这些法则也不是固定不变的，它的发展是一个从简单到复杂、从低级到高级的过程；这些法则也不是绝对的真理，设计中不存在绝对的事，未来这些法则也可能逐渐发生变化，但这种演变将是一个十分漫长的过程。

2. 产品造型设计的整体性

整体性采用合理的、和谐的方法将单个零件组合在一起，使其具有融为一体的形象，每个零件不得自我表现，破坏产品的整体性。一般按照共同的造型风格（基本形状、线条等）与协调合理的色彩搭配有机组合在一起，设计出和谐的整体来。如图 3-14 和图 3-15 所示为体现整体性的产品。

图 3-14 瑞士十字音响

图 3-15 播放器

3.1.3 产品外观造型设计的外观形态设计

1. 外观形态构成

在本书中所说的产品外观造型是指对产品外观形态的设计。产品外观形态构成的类型分为**几何形态**和**仿生形态**两种。

（1）几何形态

利用几何形态进行产品设计时，可采用**分割造型、组合造型与变异造型**等方式。

① 分割造型的目的是对一个整体进行分割，能让形态整体产生一定的变化，以防止形态整体过分统一单调，符合设计美学中的统一与变化原则。分割造型分两种情况：

a. 只有线的分割，不发生体积变化，如图 3-16 所示。

图 3-16 线的分割

b. 进行部分切除，发生了体积变化，如图 3-17 所示。

图 3-17 部分切除

② 组合造型是将两个或两个以上的简单形态组合在一起，形成一个新的形态，以达到丰富整体形态的目的。为防止组合后的形态出现杂乱无章、缺乏统一的效果，参与组合的单体要有主次之分，要突出整个形态中的主体部分。也就是说，不同形态积聚后形成的新形态应具有整体性，是一个有机整体。组合造型设计如图 3-18 所示。

图 3-18　组合造型设计

③ 变异造型是从一个基本几何形态通过改变其形态特征，从而衍生出另一个新形态的变化手法，其目的是为了使简单呆板的形体变得丰富和生动。变异造型设计如图 3-19 所示。

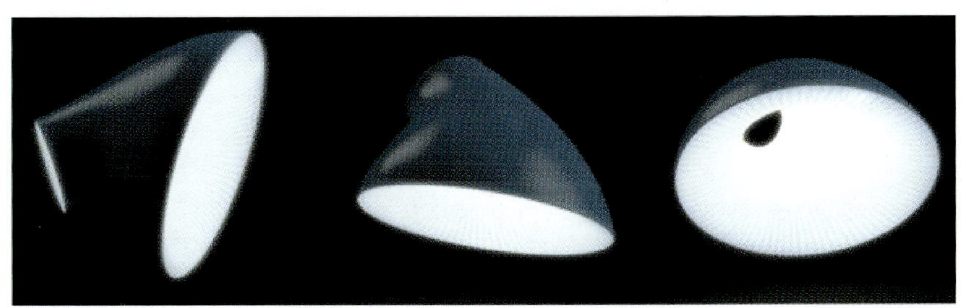

图 3-19　变异造型设计

（2）仿生形态

仿生形态是仿生设计的一部分内容。仿生设计是指模仿生物的某种形状、结构、功能和肌理，从中受到启发而产生创造力，从而设计出更多的新产品。仿生形态是指对生物进行模仿而产生的外观形态。例如，飞机的机翼，来自对鸟类的翅膀的仿生；潜水艇的外形，来自鲸鱼的形态；甲壳虫汽车来自甲壳虫的形态。而潜水艇沉浮来自对鱼鳔的膨大与缩小的仿生，这是功能与结构方面的仿生设计。运用仿生形态设计的蠕虫机器人探测器如图 3-20 所示。

图 3-20　蠕虫机器人探测器

2. 局部形态设计

设计质量的好坏实际上取决于设计细节的深入程度。所谓细节设计就是产品局部形态设计，通过对过渡面的设计及线型的设计来体现。

例如局部形态中的小圆角与大圆角，小圆角给人感觉有力度、挺，在产品形态中，面的变化和转折清晰，每个局部识别特征强；大圆角给人感觉可爱、憨厚，在产品形态中，面的变化和转折非常弱，整体感强、流畅。运用小圆角与大圆角设计的产品如图 3-21 和图 3-22 所示。

图 3-21　即插即用扬声器

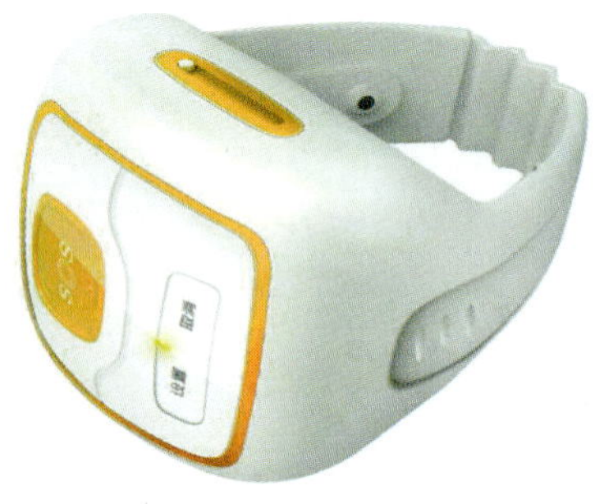

图 3-22　智能小护士

再如局部形态中的折线，折线有两种：①折线处，两切线的夹角较小，有刺激、张扬的感觉，这样的折线耀眼、阴阳对比强烈、具有空间深度；②折线处，两切线的夹角较大，有含蓄、精美的感觉，这样的折线朦胧、阴阳对比弱、在平面和空间中变化。运用两种折线设计的产品如图 3-23 和图 3-24 所示。

图 3-23　真空吸尘器

图 3-24　车上的折线

3. 局部设计与整体设计的关系

（1）局部细节决定整体设计质量。

（2）局部需服从整体，服从主题。

（3）局部的特征，构成设计的整体风格。

（4）设计深入就是细节的完善。

4. 产品整体形态设计

产品整体形态的设计原则是顺、破、润。

（1）顺，就是产品外观造型的流畅性与整体性。它追求一种大象无形的境界，大象无形并不是指没有形状或者是没有形态，也不是形的虚无，而是形的整体性、完整性和流畅性，即通常所说的整体感。顺就好比一股气流围绕着产品，要有流动性，如图 3-25 所示。

图 3-25　流畅与整体

（2）破，就是打破原有的平衡，利用设计中的“加减法”，追求新的平衡。但是破以后要切忌“形与形之间没有联系性”，也就是说形体之间要有呼应，能形成整体感，如图 3-26 所示。

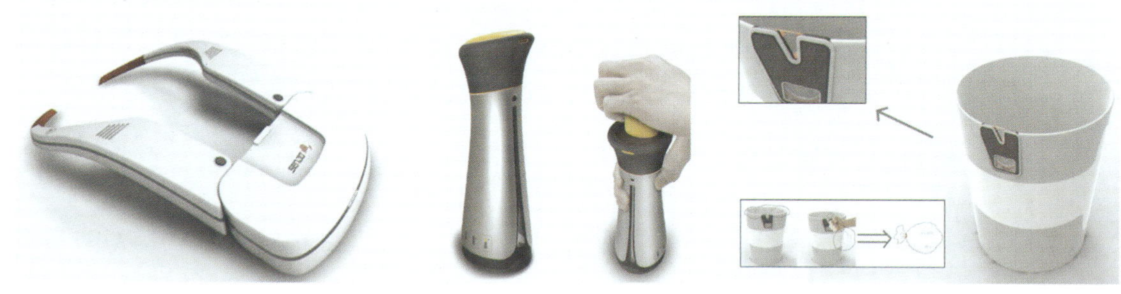

图 3-26　破之后的平衡

（3）润，就是增加产品的细节，也可以说是精细化设计。它包括细节设计和表面装饰设计两部分内容。需要注意的是，这里的装饰不是单纯地为了美观，还要有其功能性，如图 3-27 所示。

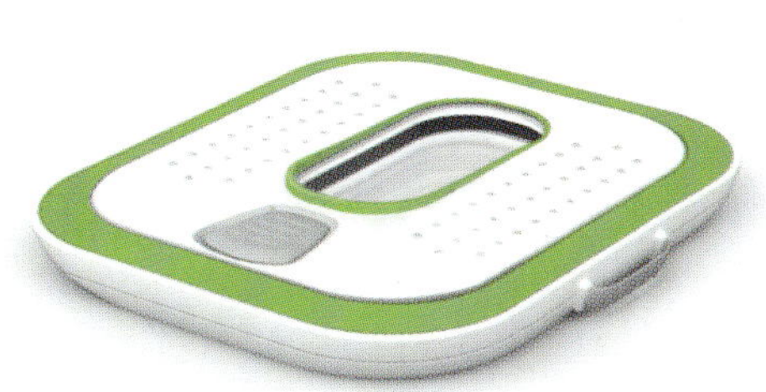

图 3-27　细节与装饰

产品整体形态的设计还可以考虑使其趣味化，趣味化是当今设计的重要内容之一。

【注意】产品外观造型设计很重要，但是产品设计的重点还是创新性，也就是说产品设计一定要有创意，再结合外观造型设计，才有可能是好的设计。

3.1.4　产品外观造型设计的色彩设计

色彩是产品造型要素中的重要因素，最先引起消费者的注意，具有先声夺人的效果。色彩设计有助于提高产品档次和竞争力。

1. 产品色彩的基本认知

产品色彩分为生理层次与心理层次两大方面的认知。

（1）产品色彩设计的生理层次认知。产品色彩的生理层次是指产品本身配色的美观性。可以参照美学法则的内容进行产品色彩设计。

（2）产品色彩设计的心理层次认知。产品色彩的心理感受中，一是色彩本身带来的感受；二是视觉感受经验同其他感官经验相互作用而衍生出的心理感受，如色彩的冷暖感、胀缩感、轻重感、动静感、距离感和软硬感等。

① 色彩的冷暖感，红、橙、黄属于暖色，蓝色为冷色，绿色和紫色为中性色。

② 色彩的胀缩感，明度高和偏暖的色彩有膨胀感，明度低和偏冷的色彩有收缩感。

③ 色彩的轻重感，色彩的轻重感与明度关系最大，明度越高，色彩感越轻。从轻到

重排列：白色 > 黄色 > 橙色 > 红色 > 灰色 > 绿色 > 蓝色 > 紫色 > 黑色。

④ 色彩的动静感，指色彩引起兴奋或安静的反应所产生的感受，暖色和高纯度的色彩对观察者产生强烈的刺激，冷色和明度、纯度较低的色彩会使人产生静默的倾向。

⑤ 色彩的距离感，暖色、高明度色有拉近距离的感觉，冷色、低明度色有距离边远的感觉。产品设计用来丰富层次感的工具。

⑥ 色彩的软硬感，纯度高的色彩和冷色比较硬，纯度低的色彩和暖色感觉比较软，对比度高的配色感觉较硬，反之，感觉较软。

2. 产品色彩的定位和设计程序

（1）产品色彩的定位

① 根据产品发展阶段定位。产品的生命周期分为四个阶段，即导入期、成长期、成熟期和衰退期。不同阶段色彩设计策略不同，前两个时期，配色主要突出产品的功能特点，形象清晰易于辨认，有助于扩大认知度；后两个阶段，色彩设计采取引起关注和挖掘市场潜力的策略，可以用修改色彩设计体系方式延长产品线，如增加色彩方案，采用流行色等。

② 根据品牌定位。在为既定的品牌开发新产品时，产品色彩设计要严格与品牌推广策略、品牌形象保持一致。

③ 根据流行的消费价值定位。在消费文化的背景下，产品开发以消费价值为主导，产品色彩设计常常由产品的消费价值出发进行定位，如倡导至尊体验的礼品用富丽堂皇的金色、黄色，炫酷的高科技产品使用神秘的蓝色。

④ 根据流行色定位。时尚产品设计，色彩设计占据重要的位置，需要密切市场的色彩嗜好，预测色彩的流行趋势，根据权威部门发布的流行色不断改进产品的色彩设计。

（2）产品色彩的设计程序

① 市场调查及色彩设计定位。色彩设计的主要依据是从市场调查实践中而来，通过

市场信息的收集整理得出科学的结论，再确定产品色彩设计定位，并应用于具体的产品设计中。

② 建立感性坐标系统，选择适当的色彩。通过语义分析法建立色彩感性坐标系统，使感性形容词与产品色彩和产品色彩设计方案建立起对应关系，在坐标系中根据相应的语义的色彩进行色彩设计。

③ 主色调的选择。产品色彩设计主要包括主色调和辅助色，首先选择主色调，是设计的总倾向、总效果。任何色彩设计方案均有主色调和辅助色。主色调以一到两种颜色为佳，确定后，其他辅助色与主色调相协调，形成统一的整体色调。

④ 重点部位的色彩设计。主色调确定后，为了强调某一部位而进行重点配置，重点施色常用于操作部位、引人注目的运动部位和商标等。

⑤ 设计方案。进行方案设计来确定色彩设计与产品的配合，发现并修正相关问题。

⑥ 整理与完善。收集产品在市场上的相关信息，根据市场反馈信息调整色彩设计策略，为色彩设计改进找到切实的依据。

3. 产品色彩设计与产品功能的关系

产品色彩设计与产品功能的关系：以形态结合色彩对功能进行暗示；以色彩制约和诱导行为；以色彩象征功能。

4. 产品色彩设计的原则

（1）产品色彩设计要遵循产品造型设计的美学法则。

（2）产品色彩设计应符合产品形象及企业整体形象的色彩应用。所选用的色彩不仅应用于单位产品，还要适用于纵横系列的产品。

（3）系列产品形态的色彩，应使用较为一致的色彩，并结合一些装饰性细节，使各产品之间产生某种联系，形成系列感，如图 3-28 所示。

图 3-28　系列产品的色彩

（4）以色彩区分模块，体现产品的组合性能和功能区分。

（5）以某种有标准的用色为参考进行同类产品的调和配色。

（6）以销售业绩好的产品为参考配色。通过对“好产品”的颜色分析，理解其配色的方式及原理，以此为参考进行色彩设计。

（7）研究流行色，应用到色彩设计中。

（8）使用公众持续看好、富于生命力的产品色彩，对可能选用者进行色彩喜好分析。

（9）恰当、及时运用季节感的配色。

（10）卓尔不群，显示个性，特立独行，吸引眼球。

5. 产品色彩设计的方法

（1）常用配色的基本方法

① 整体色调，指从配色整体得到的感觉，由一组色彩中面积占绝对优势的色调来决定。整体色调的设计必须满足以下基本要求。

a. 产品的物质功能要求。首先考虑与产品物质功能要求统一，比如消防车的红色基调，军用器械的草绿色基调等。

b. 人机协调要求。不同的色调可使人产生不同的心理感受，从人机协调的角度出发，产品适当的色调设计，能使使用者产生舒服、轻快、振作的感受，形成有利于工作的情绪，从而提高工作效率，利于身心健康。

c. 色彩的时代感要求。不同时代，人们对某一色彩带有倾向性的喜爱，产品色调设计考虑流行色的因素，能满足人们追求“新”的心理需求，符合当时人们普遍的色彩审美需求。

d. 不同国家和地区对色彩的好恶。

运用整体色调设计的产品如图 3-29 所示。

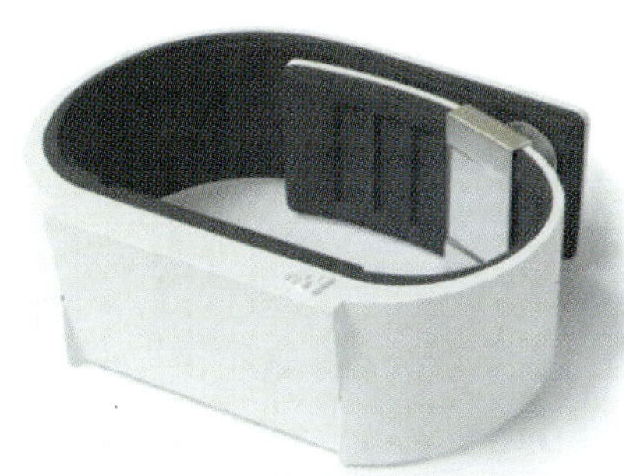

图 3-29　整体色调

② 渐变：色彩三大要素即色相、明度和纯度。而渐变是指颜色的深浅变化，可以是色相的变化，也可以是明度与纯度的变化。渐变是产品色彩设计的处理手段之一。运用渐变设计的产品如图 3-30 所示。

图 3-30　渐变

③ 支配色：所谓支配，是指对周围环境起引导控制作用。支配色，是把它作为产品的主要色彩，即主色调。对于产品来说，主色调以一到两种颜色为佳。

④ 分隔：分隔就是隔开、离开的意思。分离效果配色是指在两色或多色的配色中，在过于融合或过于强烈的情况下，在相互连接的色彩中插入一种分离色来达到色彩调和的目的。运用分隔设计的产品如图 3-31 所示。

图 3-31　色彩的分隔

（2）产品色彩设计与形态设计的关系

产品色彩与形态应该是相辅相成的关系，色彩设计主要起到以下几方面的作用。

① 强化：加强产品形态的色彩效果，达到加强对产品局部形态的感受，表达产品的设计概念。如图 3-32 所示为强化功能区域的产品设计。

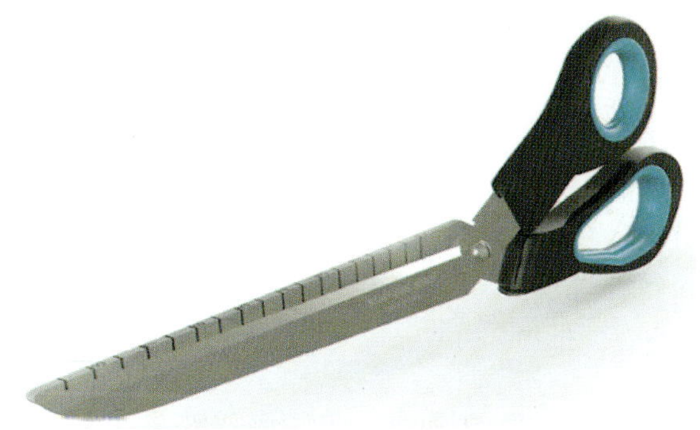

图 3-32　强化功能区域

② 丰富：用色彩来丰富单一的产品形态，改善产品的整体效果。如图 3-33 所示为丰富整体效果的产品设计。

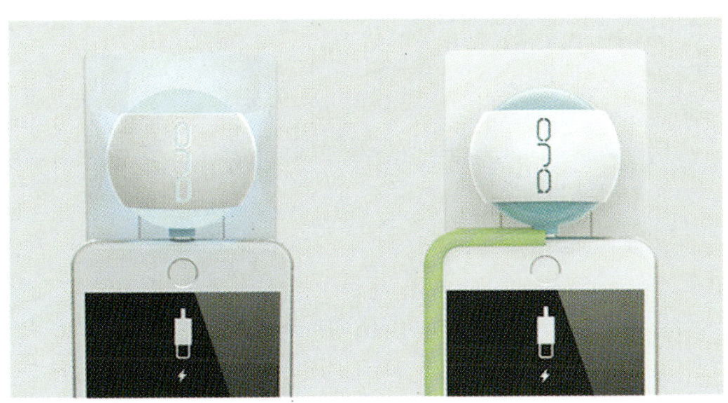

图 3-33　丰富整体效果

③ 归纳：用色彩归纳、整理和概括形态，使形态感觉单纯、统一，多用于复杂的形态或较多的零件组合的产品。归纳后的统一效果如图 3-34 所示。

④ 对比：通过明度对比、色相对比、纯度对比、面积对比等手段，可以烘托和加强主体形象。对比效果如图 3-35 所示。

图 3-34　归纳后的统一

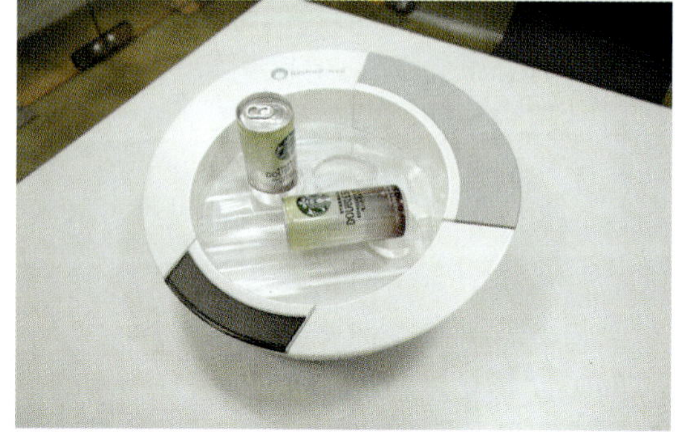

图 3-35　对比

⑤ 划分：用色彩的不同对产品的局部和整体进行合理划分，以减轻形态的笨重和单调感，增加视觉分辨率。增加辨识度的效果如图 3-36 所示。

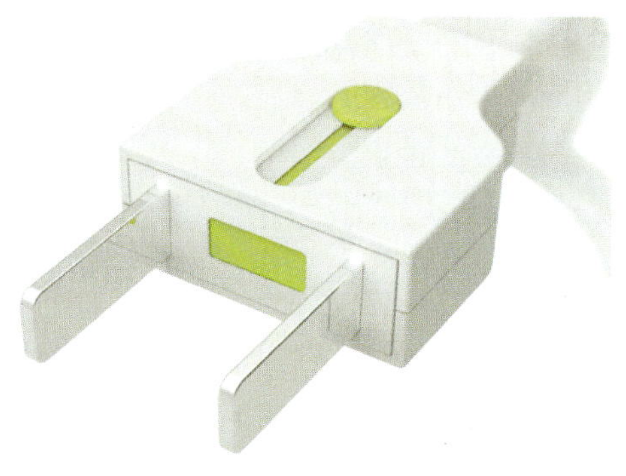

图 3-36　增加辨识度

3.1.5　方案设计的步骤参考

（1）列出设计重点。

（2）草案设计——针对每条设计重点进行解决问题的设计思考，同一个问题要多找点解决问题的办法。

（3）草案整理及深入设计——选择好的、适合自己设计方向的解决方案进行深入设计。

（4）完整方案组合——把设计重点的解决方案进行有机组合，整合成完整的设计方案。

（5）外观造型设计——在满足功能与结构的前提下，进行外观造型的设计，考虑产品形态及色彩配案。

（6）确定方案——从众多方案中选取设计方案。

方案设计需求层层深入，要踏实地做研究，才能思考出巧妙的、适合自己设计方向的解决问题的方案，如图3-37所示。

<table>
<tr><th>设计重点</th><th>草案设计</th><th>草案整理</th><th>方案深入设计</th><th>完整方案设计</th></tr>
<tr><td>设计重点1</td><td>草图方案1-1
草图方案1-2
草图方案1-3
草图方案...</td><td>草图方案1-1
草图方案1-2</td><td>方案深入设计1-1-1
方案深入设计1-1-2
方案深入设计1-1-...
方案深入设计1-2-1
方案深入设计1-2-...</td><td rowspan="3">完整方案1
完整方案2
完整方案3
完整方案...</td></tr>
<tr><td>设计重点2</td><td>草图方案2-1
草图方案2-2
草图方案2-3
草图方案...</td><td>草图方案2-2
草图方案...</td><td>方案深入设计2-2-1
方案深入设计2-2-2
方案深入设计...</td></tr>
<tr><td>设计重点...</td><td></td><td></td><td></td></tr>
<tr><td>列出所有的设计重点</td><td>分别对每个设计重点进行方案设计每一个问题都要多想几个解决方案</td><td>选择几个好的、适合自己设计方向的解决方案，为方案深入设计做准备</td><td>对选出的草案进行深入设计，深入设计的方案不只有一个</td><td>对前面的方案进行整理，做出完整的设计方案</td></tr>
</table>

图3-37 方案设计

3.1.6 方案设计的客观评价标准

（1）创新性：具备前瞻性、新颖性、独创性，符合现代社会的审美趋势。

（2）可行性：充分考虑市场价值，在现代制造技术与合理成本的条件下，具有批量生产的可行性。

（3）完整性：考虑使用人群、环境及用户体验（操作便利、舒适、安全、易用、通用、维护方便的要求）等。

（4）功能性：满足在操作、可使用性、安全和维护方面的要求。

（5）美观性：外观造型设计适度，体现产品风格和价值，色彩设计协调。

（6）作品表现形式：作品具有较强的综合表现能力，能充分表现设计者的设计意图。

（7）经济性：符合市场需求，达到国家质量标准，适合批量生产制造，能够提升产品品牌价值；获得较高效益，或可获得预计的良好经济效益。

（8）产业化前景：是否具有较大的市场价值；在现代制造技术方面，是否具有产业化前景；制造成本、能耗等。

最后两条对于初学者来说有一定的难度，可以适当地参考学习。

3.1.7 方案设计的注意事项

（1）在思考设计方案时，有的灵感只是刹那间的事，所以需要将其快速地表达出来。

（2）草案与深入设计的方案是不同的，草案只是初步的设计方案。

（3）方案设计要逐渐地深入，不要操之过急，需要一定的时间对其进行深入的研究设计。

（4）方案设计不是从造型到造型的设计，而是要先考虑功能与结构，在满足功能与结构的前提下再进行外观造型设计。

（5）方案设计的表现要准确，尤其要注意结构的准确表现。

（6）外观造型设计包括外观形态设计和色彩设计两部分，总体上都需要考虑其美观性与整体性。

（7）产品色彩的主色调以一到两种颜色为佳，通常情况下不宜过多。色彩搭配要给人协调感。

（8）产品设计要具有创新性，也就是有创意。创意来源于对设计重点的设计，而设计重点是通过对“课题分析”与“市场调查”的结论整理而来，所以一定要认真地做好“课题分析”与“市场调查”。

（9）针对设计重点的解决方案，要采用同一个问题用多种办法进行解决，最后择优方案的方式进行。这样做有助于设计的突破与创新。

（10）所谓好的创意，要符合产品本身的特性；符合结构需求和使用习惯；符合消费人群的审美（需求）；拥有独有的特征与记忆点。

（11）好产品要满足好用、好看、好加工、好卖几个因素。

3.1.8 产品设计常用的设计方法

产品设计的方法有很多，无论是各种设计书籍还是网络都可以查到相关的知识点，这里不再赘述。多了解些设计方法，能很好地帮助初学者做产品设计，有助于开拓设计思考方式。

常见的设计方法有：5W2H法；检查单法；十二聪明法；缺点列举法；希望点列举法；功能组合法；头脑风暴法；戈登法；仿生设计法；形态分析法；综摄法等。

3.1.9 本节需完成的任务

掌握方案设计的内容及学会其处理手段。

3.2 草图模型制作过程中应注意的问题

3.2.1 制作草图模型的目的与意义

草图模型是为了检验实体体量的大体关系而采取的一种表现形式。草图模型一般在完成草图方案后进行，用以验证设计意图的完成效果，从中发现不足之处，便于设计的进一步完善。

产品的最初成型，只是限于多个平面视角集聚而成的构想，或多个平面草图性的设想，但它与实体体量和空间中的尺度关系还有很大距离，这其中存在着从平面到立体、局部到整体、可视面到整体量感等多种感观判断上的差异。为了消除这些差异，必须基于大的设计尺度关系制作立体草模，从实体的感受中校正种种差异。草图模型如图 3-38 所示。

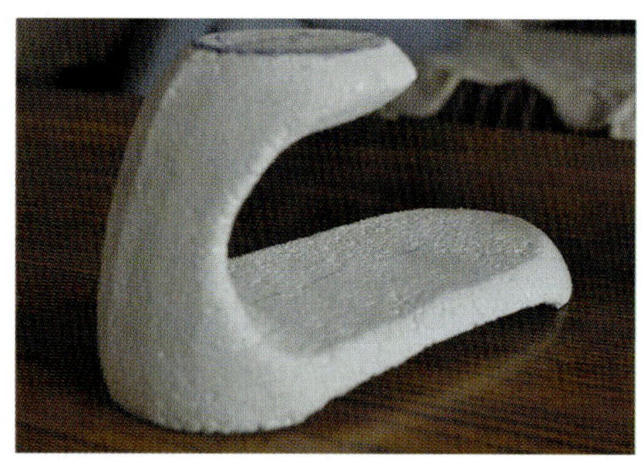

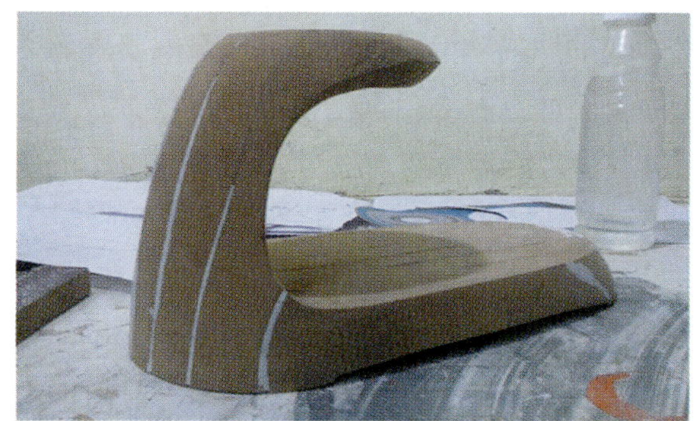

图 3-38　草图模型

3.2.2 制作草图模型的注意事项

（1）制作草图模型应选用可塑性强、简单易操作的材料，如废泡沫塑料、雕塑泥、石膏等。

每种材料都有其自身的特点，在使用中尽可能地利用不同的性能特点去操作，结合自己的设计采用合适的材料进行制作。例如，泡沫塑料适用薄刀片切削和块面粘接，石膏只能用减法处理。

（2）草图模型只需按照设计的尺寸制作出具有实体比例关系的外形和结构即可，具体的外饰、色彩、材质和内部结构无需制作。汽车草模如图 3-39 所示。

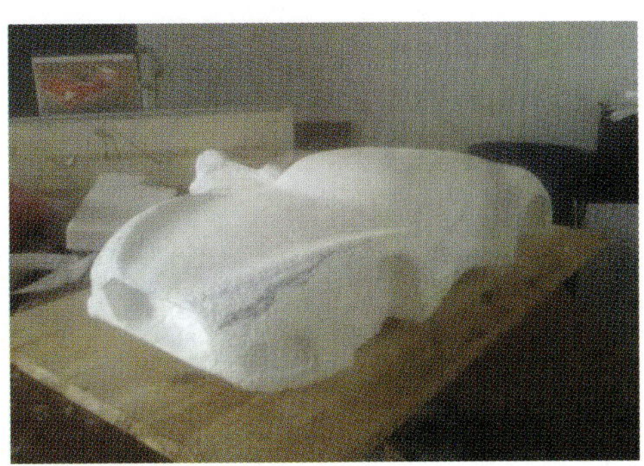

图 3-39 汽车草模

（3）对于制作精细程度可视检测目标而定。如果检测大体量的线性关系，可限于大块面的体量上按尺寸制作；如果检测中包括各个细小结构体量和具体线性关系，就要在草图模型上最大限度地表现出每个细部的构成关系。制作精细的草图模型采用的材料也要适合精细加工。较精细的草模如图 3-40 所示。

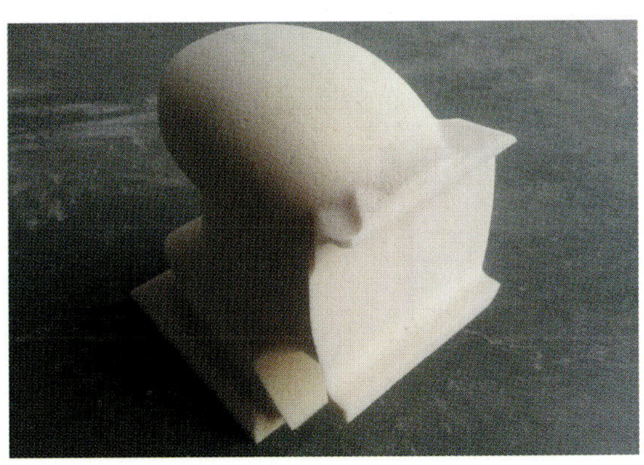

图 3-40 较精细的草模

（4）草图模型要能体现设计意图。产品的造型是由功能与结构来决定的，因此草图模型的制作要有一定的体现，以便检验设计意图。鲸鱼订书器草图模型与实物的对比效果如图 3-41 所示。

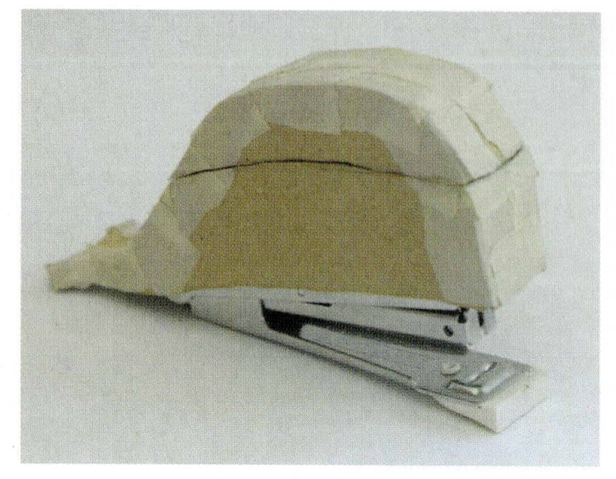

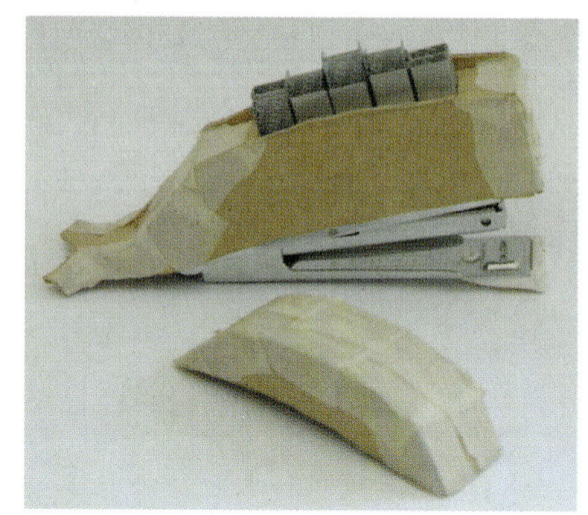

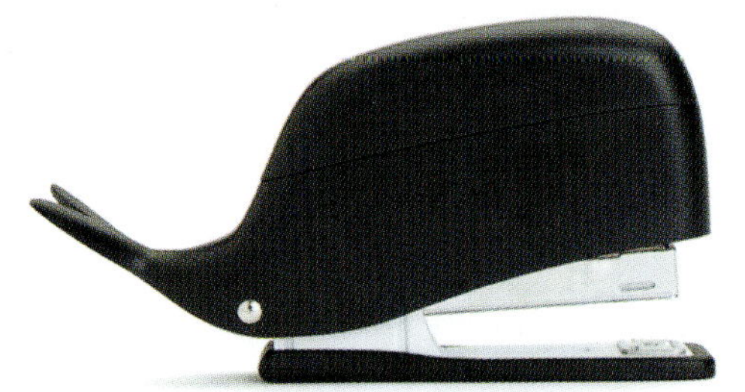

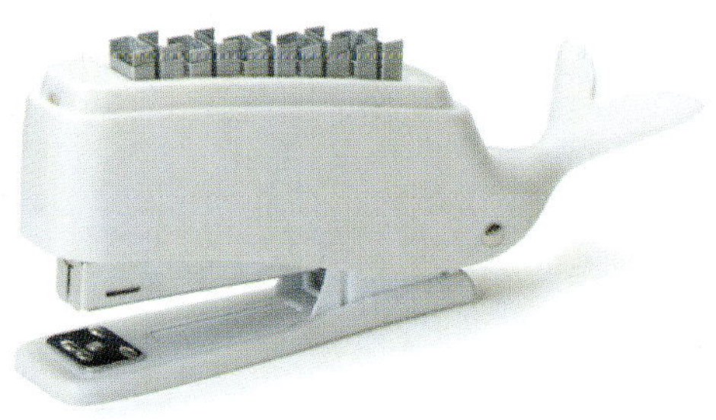

图 3-41　鲸鱼订书器草图模型与实物对比

（5）草图模型还可以用废弃的材料和现成的小产品作为零件进行制作，不要被工艺与材料限定，只要达到草图模型制作的目的就可以。

3.2.3　草图模型的客观评价标准

（1）是否能检验实体体量的大体关系，草图模型的制作比例是否准确。

（2）是否能够清晰地反映产品的外观造型（要与设计方案大体一致）。

（3）草图模型是否有助于验证产品设计意图。

（4）草图模型的制作是否细致。

3.3 电脑画图应注意的问题

方案设计与草模制作都是为了使设计方案逐渐完善，然后还要进行电脑三维模型绘图，以便更进一步地完善方案设计及便于适合机器的生产加工。绘制三维模型之后还需要对其进行效果渲染，以确定完整的方案是否达到设计意图。

3.3.1 绘制三维模型过程中应注意的问题

（1）如果只是为了看外观效果及比例，可以考虑采用快速建模软件（如犀牛），甚至可以用平面设计软件绘制立体三视效果图。如图 3-42 所示为用 Photoshop 绘制的产品效果图。

图 3-42 用 Photoshop 绘制的产品效果图

（2）最终模型最好采用能直接与数控设备匹配的软件（如 Pro/Engineer、Solidworks、UG 等），不但有助于三视图的制作，还有助于产品样机的加工。

（3）要按照零件来建模型，除了外观、比例方面有所体现之外，还要体现产品各个零件之间的连接关系，零件的结构、材料等，并且所建的零件要符合加工工艺及材料特点。因此要想绘制的模型能体现真实的效果，必须对材料及加工工艺有一定的了解。

3.3.2 效果图渲染应注意的问题

效果图是通过图片的形式来表达作品所需要以及预期达到的效果，效果图的主要功能是将平面的图纸三维化、仿真化，通过高仿真的制作，来检查设计方案的细微瑕疵以便完善设计方案。

（1）要对渲染的效果图进行版式设计，不要只是孤零零的一张效果图。如图 3-43 所示为经过版式设计的整体效果图。

图 3-43　整体效果图

（2）渲染的效果要尽量真实。对结构、材质及表面效果等方面的表现要真实。想要达到这样的效果，在建模时就要注意其真实性，为渲染出真实的效果打基础。

（3）产品要渲染多种角度，能体现产品各个面的效果。不同角度的效果图有助于完整地展示产品各个面的效果。如图 3-44 所示为展现产品不同角度的效果图。

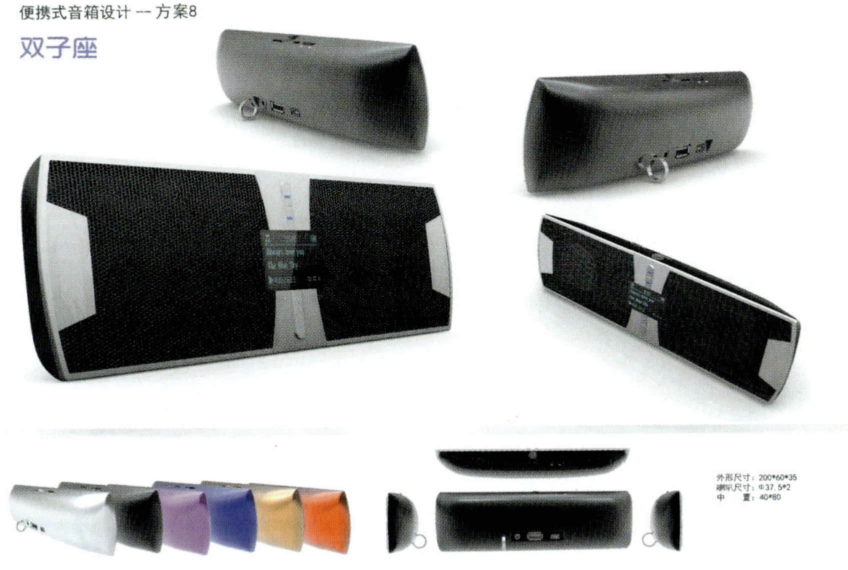

图3-44　多角度效果图

（4）要对产品的细节进行渲染，尤其是体现设计点的部位。

（5）最好渲染几张带有场景的图，不但有利于效果的展示，也有助于检验产品与环境的适应度。产品与场景的渲染效果如图3-45所示。

图3-45　产品与场景

3.3.3 手绘草图与电脑效果图的区别

手绘草图主要的表现方式是淡彩，所谓的淡彩并不是颜色浅淡，而是指不用整体着色，只要能表达产品的颜色倾向就可以，让人能看懂产品各个零件的颜色及整体效果。一般用于前期设计方案的表现。如图 3-46 所示为手绘淡彩草图。

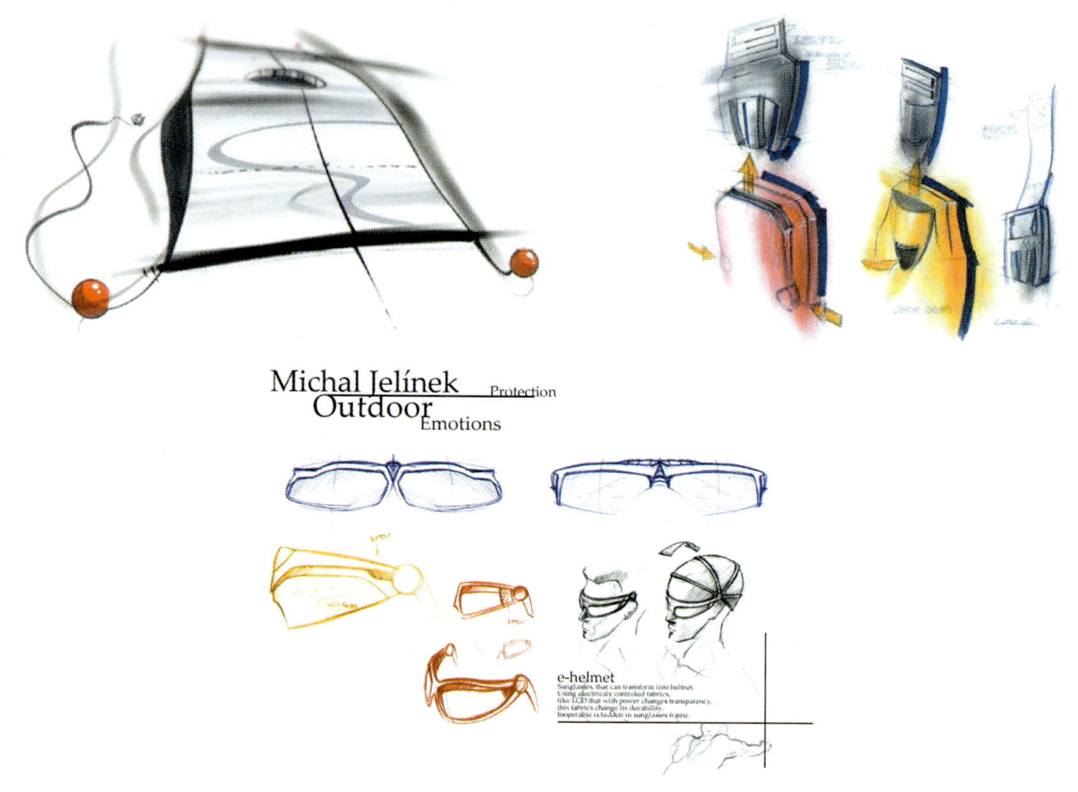

图 3-46　手绘淡彩草图

电脑效果图是对手绘草图方案的完善与细致化。电脑效果图是方案表现的一种手段，也需要对其进行方案深入设计，得到相对完善的产品效果。

3.3.4 电脑修图应注意的问题

三维建模一般不会把产品的标志、安全标识等标贴进行建模，所以为了产品整体的美观性与完整性，要对最终的渲染效果图进行修图。这也属于细节设计的一部分。

在修图时把标志、安全标识等标贴添加上，这样渲染的效果会更加真实。但一定要注意标识与产品的比例关系，可以参考实物的比例进行贴图，如图 3-47 所示。

图 3-47　带有细节的效果图

产品使用情景图很多时候也需要通过后期修图来完成。产品使用情景图是为了体现产品的使用状态，而且还有助于对产品尺寸的直观感受，因此要注意人机的真实比例。如图 3-48 所示为产品使用情景图。

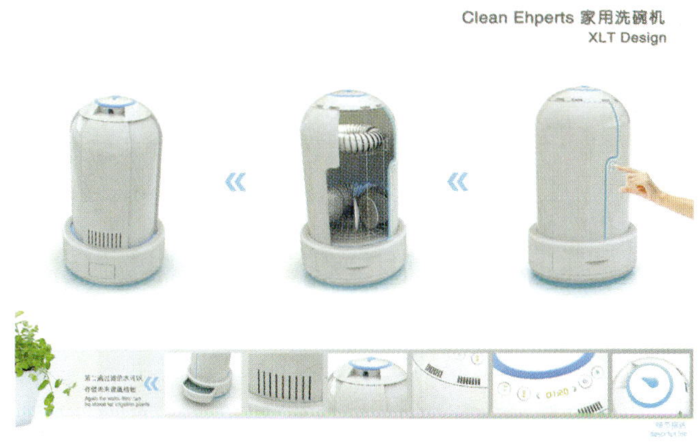

图 3-48　情景图

3.3.5 效果图的客观评价标准

（1）产品渲染效果真实、有细节。

（2）产品比例准确、合理。

（3）整体版式效果美观。

3.3.6 三视图及基本尺寸图应注意的问题

三视图是为了体现产品各个面的图形关系与尺寸，只要能清楚地表达出来就可以了，具体需要几个面的视图，要视情况而定。有的产品只需要两面视图，有的需要三面视图，有的可能需要六面视图。不管是几面视图，都统称为三视图。

三视图的表现可以用两种方式进行表达，一种是线图的形式，另一种是效果图的形式。三视图的表现效果如图 3-49 和图 3-50 所示。

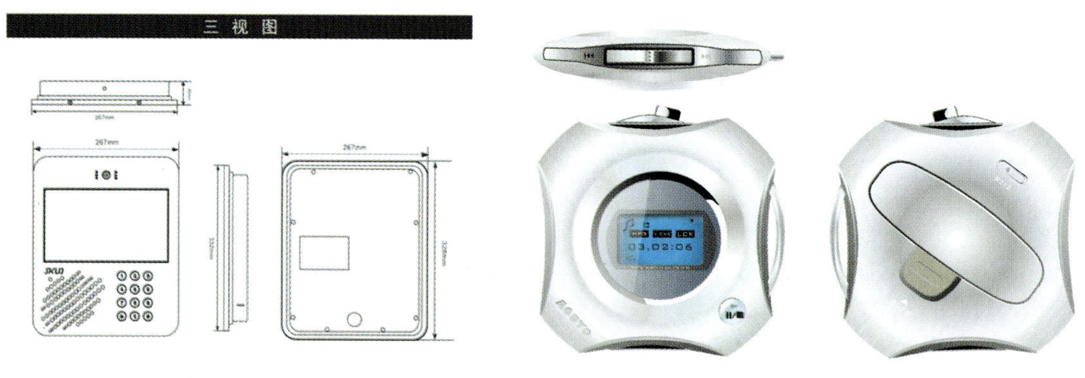

图 3-49　三视图　　　　图 3-50　三视效果图

对于初学者来说，只要能标清产品的基本尺寸（长、宽、高，重要的尺寸节点）就可以。

第 4 章　产品设计后期的内容及应注意的问题

4.1 产品工程图绘制过程中应注意的问题

绘制工程图需要掌握一定的机械制图方面的知识，对于产品设计者来说，至少要掌握看工程图的基本技能与利用软件转化工程图并适当修改完善的手段。设计者绘制产品工程图需要注意以下几点。

（1）主视图必须是最能反映该零部件外形特征的视图。

（2）选用幅面大小要合适，图面不能太拥挤或空荡。

（3）视图的方向以正常装配或使用方向为原则，不得颠倒。

（4）标注尺寸时要避免基准混乱，以免造成积累误差，影响装配精度。

（5）有局部对称和圆周图形时，要绘制中心线。

（6）尺寸线尽量避免交叉，间距尽可能均匀。

（7）同一特征的尺寸标注尽可能在同一视图上表现而且尽量集中，不要把尺寸标注得过于分散。

（8）尺寸文字不得压在图形或其他线条上，以免看不清具体内容。

（9）非正常投视方向视图、阶梯剖和局部剖、局部放大图等视图，必须在视图下方标注视图名称和比例，阶梯转折位置需要标注相应的字母。

（10）图纸中要有标题栏与技术要求等内容。

4.2 样机制作过程中应注意的问题

1. 草图模型与样机的区别

草图模型是为了检验设计方案实体体量的大体关系而采取的一种表现形式，而样机（实物模型）能直接确认产品构思的使用方式、功能性、重量感、材质感等，可以完全呈现出实际产品的各方面特性。样机采用真实的材料进行制作，制作费用较高，用时较长。

也可以这样理解，草图模型是能看的作品，样机是能用的试验品。

2. 样机制作的目的

样机制作是为了检验设计方案是否好加工、好操作、使用方便与安全等方面的因素。通过样机发现设计中存在的问题，并对其进行修改，得到完善的最终设计方案。

3. 样机应注意的问题

（1）样机其实是真实能用的产品。

（2）样机和手板或模型有很大的区别，手板或模型可以是等比例缩小的，材质可以采用替代材料，而样机是 1:1 的比例，而且材质及表面处理同样是真实的。

（3）样机与样品也有一定的区别，样品是真实的、能销售的产品，样机是为了检验设计的完整性而做的试验品。

4.3 展板设计过程中应注意的问题

1. 展板设计的目的及内容

展板设计是为了展示设计成果，通过展板能体现设计方向、设计点、设计定位等内容。展板要有主要效果图、不同角度图、细节图、尺寸图、使用情景图、设计说明等内容。

2. 展板设计过程中应注意的问题

（1）展板的内容要完整，能充分展示设计意图（设计方向、设计点、设计定位等）。

（2）设计说明的内容不宜过多，但要清楚、完整地阐述创新点，而且要分条阐述。

（3）展板中的文字要适中，不宜过大或过小。

（4）展板的版式布局要美观、舒适，而且要突出主题。

（5）展板的背景不要过于花哨，应避免主次不分。

（6）展板中的所有内容都可以看做是平面设计中的设计元素，甚至可以加些小的符号和图形，用以丰富整个页面。

3. 展板设计的客观评价标准

（1）展板整体效果：布局设计舒适、美观，色彩设计协调，能突出主题。

（2）完整性：效果图、三视图、尺寸图、使用情景图、设计说明等。

（3）功能性：是否能清晰地展示作品的设计意图（多角度效果图、设计草图思路、使用情景图等）。

4. 展板布局参考案例（见图 4-1）

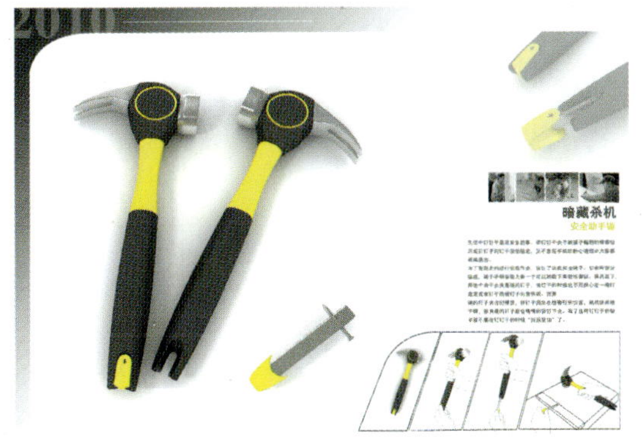

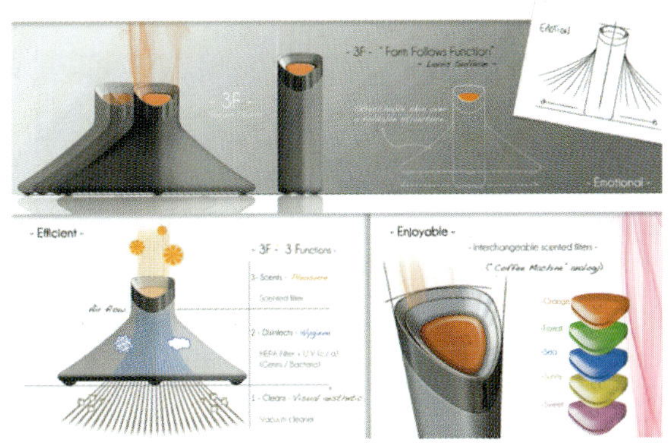

图 4-1　展板布局参考案例

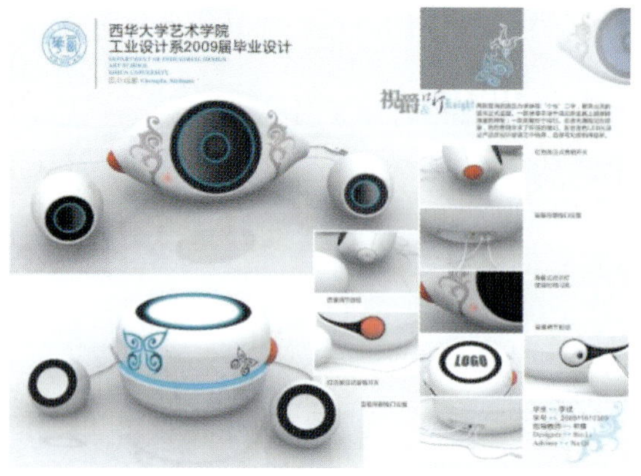

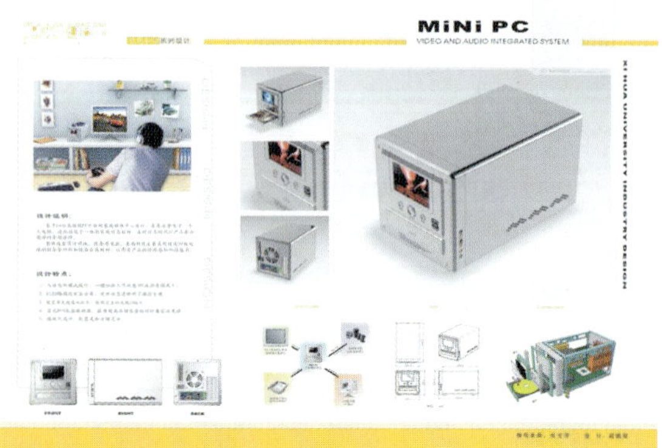

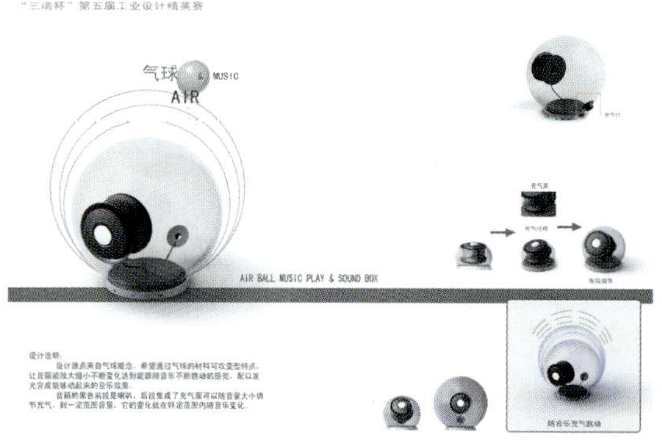

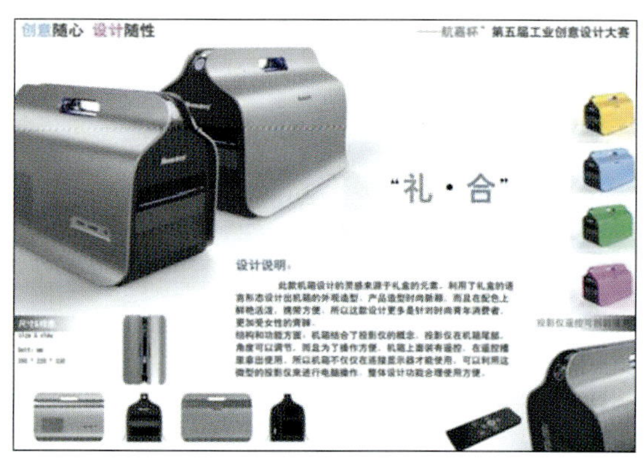

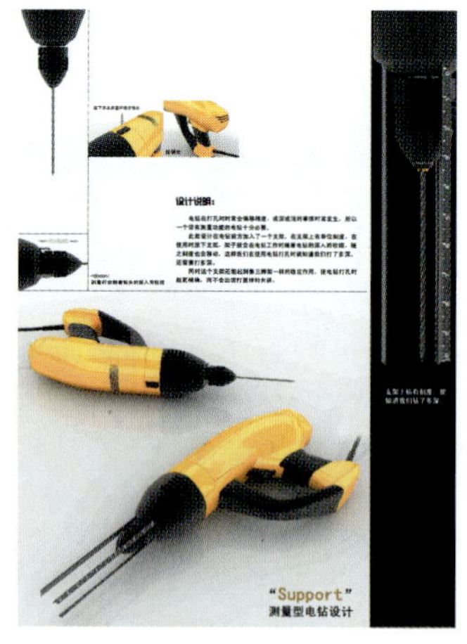

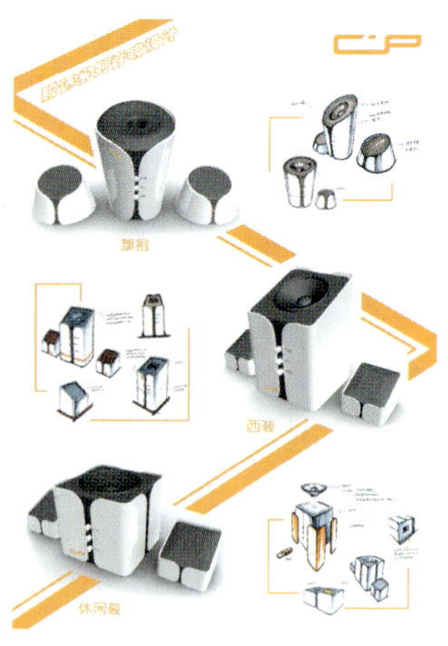

图 4-1　展板布局参考案例（续）

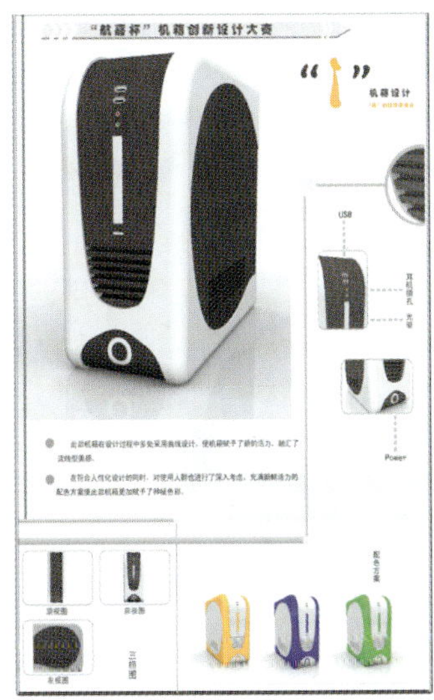

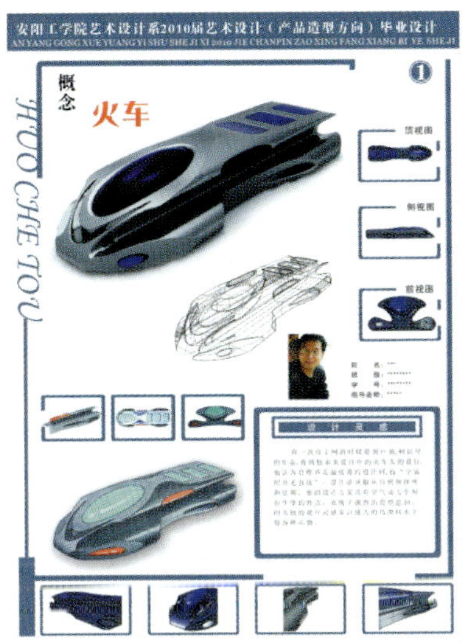

图4-1 展板布局参考案例（续）

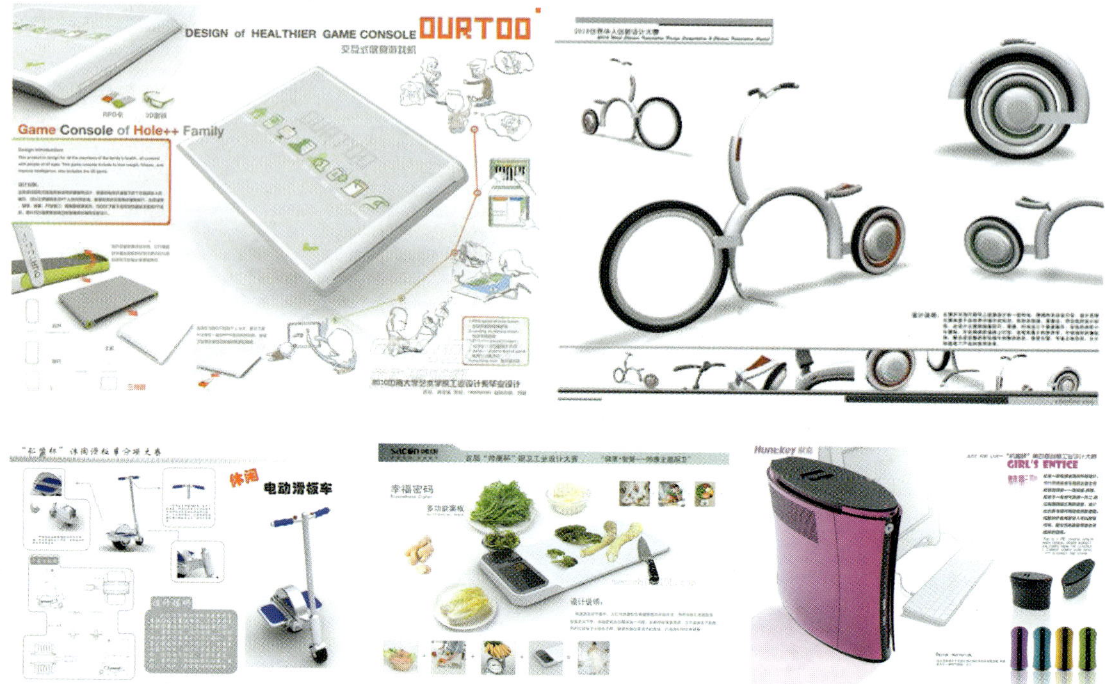

图 4-1　展板布局参考案例（续）

4.4 产品设计报告书的内容及应注意的问题

1. 什么是产品设计报告书

产品设计报告书是体现设计者的产品设计思维过程与实施过程的汇报书，能体现设计者的设计思考思路、发现问题与解决问题的方式、设计方案的深入过程等内容。

2. 产品设计报告书的内容参考

产品设计报告书包括封面、目录、寻找课题、课题分析、市场调查、方案设计过程、最终方案设计说明、产品基本尺寸图、展板设计等内容。

3. 产品设计报告书中应注意的问题

（1）产品设计报告书不是产品设计说明书。

（2）产品设计报告书不是对设计程序的罗列，要结合自己的设计，体现从始至终的整个设计思考过程及实施过程。

（3）整本报告书都要进行页面版式的设计。

4. 产品设计报告书的客观评价标准

（1）报告书的内容是否清晰地体现了整个设计的思维过程（内容的完整度及逻辑性）。

（2）报告书的内容是否清晰地体现了整个设计的实施过程（设计分析与解决问题）。

（3）报告书的整体效果的美观性。

结 束 语

本书副标题之所以取名为“突破固有思维”，是因为作为产品设计的初学者很容易被固有思维所局限，在设计突破上会有一定的困难。本书尝试对产品设计基本原理的内容进行深入分析讲解，以便帮助读者理解并掌握突破固有思维局限的方法，掌握并学会运用产品设计的基本原理，做出完善的、有创意的产品设计。切记书中的内容不要死记硬背，要用心去理解运用每部分的内容。

书中的内容侧重点在于引导读者掌握产品设计的基本原理与突破固有思维局限的方法，具体的设计方法需要读者自行查找学习，也就是说引导读者养成遇到问题能主动查找、融汇各种知识，解决问题的习惯。这样安排的目的是为了让读者真正地掌握相关的设计知识，并能熟练地理解运用。当适应了这种解决问题的方式，读者不仅能掌握本书的内容，还具有了自学和适应发展的能力，利于读者的终身发展。此书的部分内容借鉴了一些作者在网络上上传的设计内容与理念，非常感谢这些作者的无私奉献。

本书在编写过程中得到了清华大学出版社杜长清老师，沈阳工业大学王世杰教授、苏东海教授、张剑教授、蒲大圣老师、孙自强老师，以及家人的鼎力支持，在此由衷地表示感谢！

参 考 文 献

[1] 鲁晓波，赵超 . 工业设计程序与方法 [M]. 北京：清华大学出版社，2005.

[2] 马春东 . 本科教育教学思想 [J]. 大连民族学院报，2013-09-05（6）.

[3] 张凌浩 . 下一个产品——产品专题设计研究 [M]. 南京：江苏美术出版社，2008.

[4] http://www.360doc.com/content/14/0117/21/7785337_346063763.shtml，360doc 个人图书馆网站

[5] http://www.visionunion.com/industry.jsp，视觉同盟网站

[6] http://wenku.baidu.com，百度文库